我想看一次!

在公园和杂木林中探索
生命的跃动场景

昆虫
精彩瞬间

（日）石井诚 著
王吉申 译著

果实上被野茉莉长
角象虫蛀出的孔洞。

序

我研究昆虫的生态学已经超过 70 个年头，但对它们仍然所知甚少。经过四亿年的进化，昆虫的生存方式可能已经超越了我们人类的理解能力。

当我观察昆虫的生活时，能感受到惊讶和喜悦——这正是我一直坚持观察它们的原因。

这本书收集并介绍了昆虫为了生存所表现出来的"决定性瞬间"。我主要观察的是身边公园和森林中常见的昆虫。书中介绍了大多数常见的物种。

昆虫有很多竞争对手。它们总是受到其他昆虫和鸟类等敌人的攻击，面临着被吃掉的危险。而同一种昆虫，又面临着争夺配偶、不得不离开后代等情况。有的昆虫会成为寄生蜂的牺牲品。只有那些能经受住所有考验、受到伤害最小的昆虫，才能得以幸存。

细想一下，生活在城市郊区和周围山区的昆虫本事可真不小，它们对各种危机（比如环境变化和外部敌人的威胁）

蓝凤蝶幼虫。

都做出了出色的反应。我希望读者可以观察一下这些"生存冠军"的生存策略。

芦麻双脊天牛准备起飞。

这本书的内容比较简单，我会向读者呈现出我所观察并拍摄到的昆虫的生活瞬间，并提供一些生态学和观察方法的简单信息。

此外，我希望在愉快阅读的同时，读者能了解到昆虫生动的生活。

第 1 章　发现的瞬间

第 2 章　跃动的瞬间

第 3 章　拟态的瞬间

第 4 章　生存的瞬间

第 5 章　不可思议的瞬间

我试图通过上面的分类来写作各个章节。尽管这不是一种科学的分类方法，但我相信这样的结构可以让人们更好地了解昆虫的面貌，同时也更加地贴近我们的日常生活。

如果这本书能让更多的人喜欢上昆虫，那么作为本书的作者，我将感到无比的开心。

石井诚

麝凤蝶的蛹。

目录

第 2 章 跃动的瞬间

第 3 章　拟态的瞬间

第 4 章　生存的瞬间

第 5 章　不可思议的瞬间

只有当你对感兴趣的昆虫的生态学有了一定了解，并对它们进行了长时间的观察之后，许多有趣的场景才能被发现。

在第1章中，我介绍了一些对初学者来说比较容易遇到的瞬间。希望读者能从这里开始，体验观察昆虫的乐趣。

第1章
发现的瞬间

臭角！

金凤蝶的幼虫

观察资料

时间 ● 从初春到10月。每年在日本关东地区发生3代。

地点 ● 在种植伞形科植物如水芹、独活、胡萝卜、日本独活、小窃衣等的田野。

成虫是黄黑相间的蝴蝶。在草丛中可以发现许多幼虫。幼虫从黄色、圆球形的卵中孵化出来后，首先会吃掉卵壳。幼虫有4个龄期，每次蜕皮后也会将蜕下来的皮吃掉。1~3龄幼虫拟态鸟粪。

如果你发现了一粒黄色、圆球形的金凤蝶卵，它在一周到 10 天的时间就会孵化出幼虫。

1~3 龄幼虫身上的黄色部分较少，大部分都是黑色的。这是在拟态鸟粪。

4 龄幼虫在黑色的基础上有着绿色和橙色的斑纹。

许多金凤蝶的幼虫群集在一株植物上取食。

　　如果近距离接触到一只金凤蝶的幼虫，你会发现它会突然伸出 1 对橙黄色的臭角，并散发出难闻的气味。它们通过臭角来吓走敌人，保护自己。

　　昆虫幼虫往往具有丰富的色彩和斑纹，这些也能起到防御的作用。

幼虫不久就会变成蛹。根据环境的不同，蛹也会变成相应的绿色或褐色以隐藏自己。它们一定会遇到比预想更多的外敌吧。

金凤蝶产卵的瞬间。如果在植物上发现了幼虫，你也很有可能会观察到前来产卵的成虫。

滴水羽化

蟪蟬

羽化时排出的液体滴落在草叶上。

观察资料

时间● 6~9月。
地点● 平原或潮湿的山地森林。

体长 40 ~ 48 毫米。褐色,有黑色和绿色的斑纹。喜欢光线较暗的杉树林,也生活在市区。在清晨或傍晚,或稍阴的白天,发出独特、哀愁的鸣声。

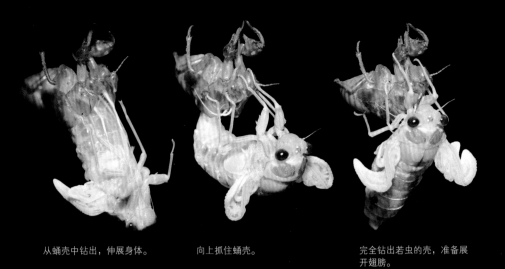

从蛹壳中钻出，伸展身体。

向上抓住蛹壳。

完全钻出若虫的壳，准备展开翅膀。

相对来说，蝉的羽化是一个比较常见的精彩场景。鲜嫩的蝉从褐色的壳中钻出，展开柔软、美丽的翅膀。

这些照片是我在清晨记录的螗蝉羽化过程。当蝉美丽的翅膀像往常一样逐渐伸展的时候，我惊讶地瞪大了眼睛。它的关节和胸部，居然还涌出了一些水滴！那些水滴向着翅膀的前端流去，滴答答地落在了下面的草叶上。

其他昆虫还没有被发现过这种现象。我还不清楚这是为什么，会不会是螗蝉为了减少身体中多余的水分，从而减轻体重，能更快速地逃离敌害的追捕呢？

足和胸部涌出的水滴。

雄蝶飞向一只停在花上的雌蝶，但雌蝶翘起了腹部，发出拒绝交配的信号。

翘起腹部

蝴蝶的求爱

停在叶子上交配的菜粉蝶。左边是雌性，右边是雄性。

菜粉蝶

观察资料

时间 ● 多出现在春天和秋天。
在夏季可能会夏眠。

地点 ● 种植油菜、卷心菜或萝卜的田野。
聚集在蒲公英、春飞蓬和一年蓬等的周围，不时地停下吸食花蜜。

在日本随处可见。这是一种随着卷心菜的种植而扩散到全世界的蝴蝶，在卷心菜地里最容易见到。为了发现菜粉蝶的求爱场景，事先得了解一下雌雄斑纹以及春夏型的差异。雌性的斑纹要偏黑一些。当你发现一只雄蝶开始回旋飞翔时，这可能就是它找到对象的信号。做好观察和拍摄的准备吧！

如果你看到菜粉蝶在翩翩飞舞，这可能就是雄蝶在寻找交配对象。雄蝶在盘旋飞翔的时候即为观察的好时机，在它的下方可能就有一只停在花上的雌蝶。如果雌蝶翘起腹部，这是在发出拒绝交配的信号，这说明它已经和其他雄蝶交配过了。

菜粉蝶交配的时间约 1 个小时。它们的交配既可停在叶子或花上，也可在飞行中进行。

雄性菜粉蝶在翩翩飞翔。

产下长椭球形的卵。

交配结束后，雌蝶会在卷心菜田里飞来飞去，可能是在找地方产卵呢。试着追逐它，就能看到产卵的场景。

雄蝶怎么识别雌蝶呢?

菜粉蝶的复眼是由数千个六边形的小眼组成的，这和人的眼睛极为不同。虽然它不能像人一样看清物体，但它却能够看到人眼看不到的紫外线。在紫外线的照射下，雄蝶的翅膀看上去是黑色的，而雌蝶的翅膀是白色的。

菜粉蝶眼中的同类

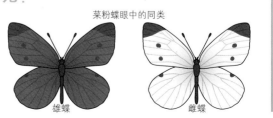

雄蝶　　　　　　雌蝶

蚂蚁的乞讨

叶形多刺蚁

　　在枹栎的树干上，成群的草履蚧正在从蜜腺中分泌出甘甜的蜜露。叶形多刺蚁可不会错过这场盛宴！它们还会用触角触碰草履蚧的蜜腺以刺激草履蚧分泌更多的蜜露。

观察资料

时间 ● 4~10月。
地点 ● 枹栎的老树干。

叶形多刺蚁是大型的蚂蚁，体长 6~8 毫米。4~10 月，在日本本州和九州都能看到它们的身影。它们的胸部是暗红色的，最明显的特征就是有 3 对尖锐的刺状突起。它们在枹栎的老树干中筑巢。它们不会养育自己的后代，而是通过入侵暗足弓背蚁或日本弓背蚁的巢穴，杀死它们的蚁后，占领蚁巢，并强迫它们的工蚁来替自己照料幼虫。它们之间也有一些交流活动，比如清洁巢穴和聚集开会。

一只叶形多刺蚁没接到掉落的蜜露。

一滴蜜露粘在叶形多刺蚁的身上。

　　我曾观察过一只运气不好的叶形多刺蚁没接到掉落的蜜露，眼看着这滴蜜露白白浪费掉了。之后它继续守候在草履蚧的下方。然而，运气还是不好，蜜露洒了这只叶形多刺蚁一身！它只好艰难地把身上的蜜露一点一点地喝掉。

　　昆虫似乎和人一样是有个性的，而且有好有坏。

转交蜜露的瞬间。叶形多刺蚁获得蜜露后，会将其转交给同伴。

在早春时节，我观察过数百只叶形多刺蚁聚集在一起。这好像与所谓的"分巢"不同，其原因还不清楚。

劫持其他蚂蚁的巢穴

　　一般说来，带翅膀的繁殖蚁婚飞之后，由工蚁负责建立巢穴，但叶形多刺蚁缺少这种能力。它们的策略是入侵暗足弓背蚁或日本弓背蚁的巢穴，杀死它们的蚁后并在自己身上涂上蚁后的气味，以此来劫持弓背蚁的巢穴。弓背蚁的工蚁被当作奴隶却不知情，一心替叶形多刺蚁养育后代。

看向叶子的背面

广聚萤叶甲

　　在炎热的八月，如果去观察超过 2 米高的豚草叶片的背面，你就可能遇到广聚萤叶甲产卵。它们会在豚草的叶片背面产下数量庞大的卵。虽然这种昆虫外貌平淡无奇，但它们明黄色的卵十分容易被发现，因此对其成虫进行相关的生态观察并不是难事。这是我所推荐的一条儿童自然教育素材。

观察资料

时间 ● 5~10月。
地点 ● 豚草或向日葵。

成虫约 4 毫米长，褐色的身体上长有黑色的纵斑纹。20 世纪 90 年代从美国传到日本关东地区，在 2000 年之后传遍全日本。除了取食豚草，它们也是向日葵的重要入侵害虫。入侵害虫往往缺少本地的天敌而繁殖迅速。渐渐地，由于本地天敌逐渐发展，它们的数量会稍有回落，但仍能保持旺盛的生育活动。因此，我们很容易观察到这种昆虫的各种生态信息，包括它们的交配、产卵、孵化、蛹和难得一见的羽化。

明黄色的卵十分容易被发现。卵长 2~3 毫米，直径 1~2 毫米，呈椭球形。
它们在叶子末端的背面产卵，一次能超过 60 枚。

一对广聚萤叶甲在豚草叶片上交配。

幼虫成长需要吃掉许多叶子。最左边的一只幼虫已
经开始作茧。

成虫羽化、从茧中钻出的瞬间。

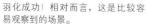

羽化成功！相对而言，这是比较容
易观察到的场景。

卷起叶子产卵

在初夏时节，异叶蛇葡萄的叶子完全长成，我们能看到葡萄盾金卷象的雌虫在卷着叶子的身影。它们选择柔软的嫩叶，将其卷成卷儿，并在漂亮的叶卷中产卵。它们的幼虫就在这样的叶卷中舒服地过着饭来张口的日子，不断成长。

因为卷象个头很小，制作叶卷需要花费约1小时的时间，这对它们来说可是个重体力活儿。

完成

葡萄盾金卷象

观察资料

时间● 初夏。
地点● 异叶蛇葡萄。

　　成虫4~5毫米。鞘翅上有褶皱，闪耀着金属光泽。虫如其名，它们主要选择葡萄叶来制作叶卷。对葡萄园来说，它们属于害虫。

经常做出这样的姿势。由于光的反射，有时看起来是紫色的。

你看到这片叶子了吗？当它们在叶子上爬来爬去的时候，正是观察卷叶的好机会。

首先把叶柄弄折，等待叶子软化、容易卷曲。

卷叶的工作都是由雌性完成的。时常有雄性出现在旁边，看似在帮忙，其实是为了交配。

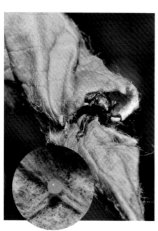

雌性完成卷叶的工作后，在叶卷内产卵。观察叶卷内部，可以发现有黄色的卵。

随着时间流逝，叶卷逐渐变成褐色。

 看看这个！ 摇篮的制作工艺

和葡萄盾金卷象类似，其他卷象也有着类似的行为。它们把叶子整齐地横着卷起来，非常巧妙地将其制作成叶卷。

见158页

珍珠一般的卵

青凤蝶

青凤蝶拥有黑色、带斑纹的翅膀，非常美丽。这里主要关注它们的卵。

雌成虫的产卵地点是樟树的嫩芽。卵看上去像圆圆的珍珠。红色的嫩芽上点缀着黄白色的卵，是很漂亮的场景。从卵中孵出的幼虫，就靠吃这个嫩芽而长大。

观察资料

时间 ● 4~10月，每年大约发生3次。
地点 ● 樟树、乌蔹莓等。

幼虫取食樟树，多见于城市公园。原本是分布于温带常绿阔叶林地带的蝴蝶，但由于气候变暖，其分布地向北已经达到青森县（译者按：本州岛最北部的一县）。幼虫通过伪装成与樟树嫩叶相似的体色来掩藏自己，免受外敌的侵害。

发现正在产卵的青凤蝶！

寄生蜂在青凤蝶的卵中产下
自己的卵。

寄生蜂

刚孵化、伸展出红色的角突
威吓敌人的青凤蝶幼虫。

看看这个！ 和寄主植物相同颜色的幼虫

青凤蝶低龄幼虫和樟树叶子的颜色极其相似，因此很难
被发现。天敌也自然难以发现它们。这也可以说是一种拟态。

见82页

23

蚂蚁搬家一大群

刻纹棱胸切叶蚁

观察资料

时间 ● 4~9月。
地点 ● 石头下、庭院中。

体长 2.5 毫米左右。头部和胸部有网状的花纹，因此它的名字中有"刻纹"两字。如果看到成群结队的一大群小蚂蚁，可能就是它们。

这是一种十分不同寻常的蚂蚁。它们既无蚁后也无蚁王，而只有工蚁。工蚁能够产卵，从没有受精的卵中，孵出的还是工蚁。在冬天揭开松树皮，可以观察到大量越冬的刻纹棱胸切叶蚁。

刻纹棱胸切叶蚁不挖掘巢穴，而是在石头、倒地的树或者花盆等下面的空间里建巢。如果条件恶化，它们会马上搬家。我们有时也能观察到它们排成长队，一边叼着卵和幼虫，一边赶路的场景。

蝗虫、锹甲等大型昆虫，一旦失去活力就会被成群的刻纹棱胸切叶蚁当作大餐。

在松树皮下面越冬的刻纹棱胸切叶蚁。它们密密麻麻地挤在一起御寒。

深蓝色的翅膀

酢浆灰蝶

展开翅膀的一刻，显现出美丽的蓝色一面。蓝色的翅是雄性的特征。雌蝶则具有褐色略带蓝色的朴素外观。当酢浆灰蝶停在叶子上时，会做出摩擦翅膀的动作，这被认为是一种迷惑外敌的策略。

观察资料

时间 ● 4~11月。
地点 ● 酢浆草。

为9~16毫米长的小型蝴蝶。幼虫以酢浆草为食，因此在酢浆草周围时常能看到可爱的酢浆灰蝶在飞舞。酢浆草是一种在城市中随处可见的植物，因此酢浆灰蝶是一种很容易人工饲养的蝴蝶。

这是雌蝶。它的翅并非纯蓝色，而是褐色中略带一点蓝色。

吃酢浆草叶子的绿色幼虫。

酢浆灰蝶在交配。在交配之前，雄性会张开美丽的蓝色翅膀以吸引异性。

在酢浆草上产卵的雌蝶。

翅膀背面呈灰色，带黑色的斑纹。

吉丁的彩色鞘翅

吉丁虫

观察资料

时间 ● 7~8月。

地点 ● 樱花树、朴树。

体长 25~40 毫米。在城市也有可能见到。在盛夏的午后，雄虫会飞来飞去寻找配偶，有时会在朴树的树梢飞舞。

有时交配着的一对吉丁会落到树下。交配之后，雌虫会飞到森林里的树干上，花费很长时间产卵。它们也会积极地在砍伐的老树上产卵。

吉丁的鞘翅在过去曾被用来当作装饰品。日本人认为将吉丁虫放在衣柜里，一生都不怕没有衣服穿。

要说起一定要看一次的昆虫，那就是自古以来就吸引着人们，像宝石一样美丽的吉丁虫了。如此美丽的吉丁虫，可以很容易地在樱花树和朴树周围找到。只要发现了吉丁虫，相信你一定会被它的美丽所触动！

法隆寺珍藏的著名国宝"玉虫厨子"（吉丁佛龛）是大约1 300年前制作的，据说使用了9 083片吉丁虫的鞘翅，也就是使用了4 543只吉丁虫的鞘翅。

在枹栎树干的裂缝中产卵。

在砍伐下来的枹栎树干上产卵。

夏天，在朴树下能观察到正在飞舞、寻找配偶的雄性吉丁虫。

闪闪发光的金龟子

花金龟

花金龟时常闪耀着金色的光泽，这取决于光线照射的角度。就像这张照片展示的一样，各种颜色的花金龟聚集在一起吸食麻栎的汁液，它们闪耀着美丽的绿色光泽，就像一颗颗宝石。即便是很普通的昆虫，只要换一种角度来观察，就能体会到寻找到宝物的乐趣。

观察资料

时间 ● 6~8月。
地点 ● 麻栎和枹栎。

日伪阔花金龟，体长为 22~33 毫米。各种颜色的个体生物学习性并没有太大的区别。在身边公园里的麻栎和枹栎上吸食汁液。

日伪阔花金龟为森林中最常见的花金龟。它们群集在树干上吸食甘甜的树汁。鞘翅的颜色通常为浅绿至茶红色，并带有光泽。在日本本州至九州广泛分布。

绿罗花金龟通常出现在6~8月。也许它们更能耐寒，才广泛分布于九州至北海道。这种花金龟也同样有多变的体色，从绿色到橙红色，每一种色型都很美丽。这些年数量有减少的趋势。

日本黑罗花金龟的出现期是8~9月，分布于日本本州至九州，数量很少。背面闪耀着金属光泽的黑色。对一些狂热的爱好者来说，这是一个十分受欢迎的"高贵"种。

似是而非

和日伪阔花金龟聚在一起吸食树汁的，还有白星花金龟和东方星花金龟，请试着去发现吧！它们铜绿色的身体和日伪阔花金龟非常相似，但有小小的白色斑点，容易识别。它们食性很广，通常喜欢成熟的果实。

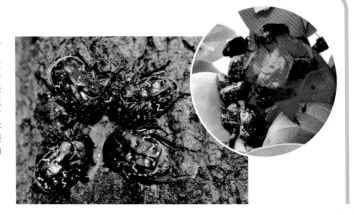

金色的帽子

金盾梳龟甲

金盾梳龟甲的身体金光闪闪，让初次见到的人倍感惊讶。不同个体的颜色也有少许不同，但都是十分华丽的金光闪闪的样子。但在死后就变黑了，做成标本也不好看。只有在它们活着的时候，人们才能观察到其美丽的身姿。

观察资料

时间 ● 4~9月。
地点 ● 日本打碗花。

体长约9毫米。它们的日语名字**ジンガサハムシ**（译作陈笠叶虫），说的是它们的体型非常像日本战国时代的士兵所戴的用铁和皮革制作的帽子，即"陈笠"。以日本打碗花为食，幼虫在叶片上吃出一个个圆孔。卵的表面覆盖有蜡质分泌物，层层叠放在一起。卵壳很薄，四周有些突起。幼虫将各个龄期蜕下来的皮附着在尾部，而蛹却将皮放在背上；在叶子的背面化蛹。

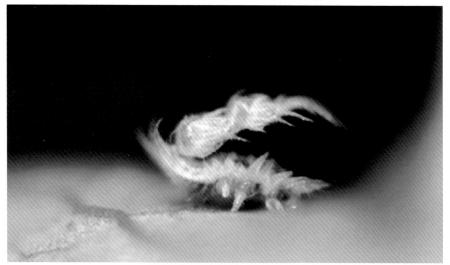

幼虫侧面观，可以清楚地看到卷曲到背上的皮。

当它们死去后身体变黑，金色的光泽就消失了。

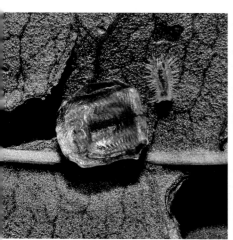

卵和1龄幼虫。如果你找到了一株日本打碗花，可以在它叶片上面寻找食痕。如果没有食痕，也就不会有金盾梳龟甲的幼虫。

金盾梳龟甲的末龄幼虫。幼虫每一次蜕皮，都会将旧皮卷曲到背上以便遇到外敌威胁时保护自己。

仔细观察：各类龟甲

除了第 32 页的金盾梳龟甲，还有许多各种各样的龟甲，都很值得我们观察。接下来我们将一起观察 4 种容易发现的龟甲。

甜菜大龟甲

成虫灰白色至黄褐色，背部具有许多黑点。在藜的叶片上数量很多，容易观察。

甜菜大龟甲的卵块。覆盖有石蜡一般的分泌物，透过这层分泌物可以看到卵。

甜菜大龟甲幼虫。藜是它们常见的寄主，发现藜后先寻找像这样圆形的食痕。

与金盾梳龟甲相似，甜菜大龟甲的幼虫也会将蜕下来的皮附着在尾部，并卷曲到背上以躲避敌害。

观察资料

时间 4~9月。
场所 藜、红心藜。

体长约 10 毫米。体色灰白至黄褐色，有一些黑色的斑点。寄主植物是藜或红心藜等。时常被发现于藜的幼嫩叶片上。

甜菜大龟甲的蛹。一段时间后，成虫就会破蛹而出。

一对甜菜大龟甲在交配。

也看看
这个！

假死

当甜菜大龟甲的成虫感到有危险时，会变得全身僵硬并向下掉落。它们假装死掉，一动不动。事实上，除此之外它们还有许多躲避外敌的策略。

见170页

淡边尾龟甲

翅面上的"一"字形斑纹可以帮助识别这种甲虫。体背稍微隆起也是其重要的特征。

卵亮橙色，水桶形，顶部边缘有白色的小突起。

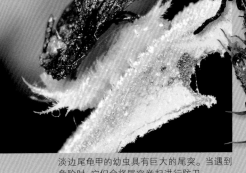

淡边尾龟甲的幼虫具有巨大的尾突。当遇到危险时，它们会将尾突举起进行防卫。

观察资料

时间 ● 4~9月。
地点 ● 日本紫珠。

成虫体长约 9 毫米。鞘翅中央褐色，边缘半透明。每个翅面上有一条黑色的"一"字形斑纹。寄主植物为日本紫珠。

密点龟甲

在蓟叶片上的密点龟甲。

观察资料

时间: 4~9月。
地点: 蓟。

成虫体长约8毫米。由于可以拟态蓟绿色的叶片, 较难被发现。

密点龟甲的幼虫。

密点龟甲的末龄幼虫看上去就像一团粪便。它们用尾突黏附粪便并将之背负起来, 以达到伪装的目的。

虾钳菜日龟甲

身体中央褐色, 鞘翅边缘透明, 具有黑色斑纹。

观察资料

时间: 5~8月。
观察: 日本牛膝。

成虫体长约6毫米。发生期较短, 在7月中旬为盛期。在寄主植物上一般不会群集发生, 因此比较难以观察。

幼虫成长过程中形态变化不大, 但随着龄期增长, 尾突上附着的旧皮数量会逐步变多, 因此根据旧皮的数量可以知道它们的龄期。这只幼虫大概4龄了。

蝴蝶在花间飞舞时最为绚丽多姿。图中的金凤蝶在贪婪地吸食着花蜜。蝴蝶在取食的时候身体比较稳定,易于拍摄。

记录蝴蝶

聚焦花蜜!

作者从事并教授昆虫摄影已经有 70 个年头了。在最开始时,每个人都会尝试拍摄蝴蝶。在这里,让我们从生态观察的角度来看一下如何抓拍有趣的照片吧!

黑脉蛱蝶

在夏天,在一棵流淌汁液的树上,我遇到一只黑脉蛱蝶和一只独角仙在共同吸吮汁液。

花椒凤蝶

蝴蝶在空中飘忽不定地飞行时，就是要寻找花蜜或者配偶了。坚持观察下去，有可能遇到更有趣的瞬间。

青凤蝶

绿弄蝶

不太常见的弄蝶，后翅有一处醒目的红色斑点。

在 22 页登场过，吸食花蜜的美丽蝴蝶。

玉斑凤蝶

黑色的蝴蝶在黄色的花间十分灵动。

红灰蝶

交配场面。交配的时间可延续数十分钟，这时候可以尽情拍摄。这是一对正在交配的红灰蝶。

聚焦交配！

花椒凤蝶

展开翅膀的花椒凤蝶活力充沛。

日本虎凤蝶

一对不常见的日本虎凤蝶在交配。这种蝴蝶只分布于日本的本州岛。

宽边黄粉蝶

一对在叶片背面交配的宽边黄粉蝶。

聚焦开翅！

曲纹紫灰蝶

蝴蝶展翅时会呈现美丽的蓝色光泽，十分美丽，但它们并不是经常展翅。曲纹紫灰蝶最初分布于东南亚，在日本很少见。在台风过后偶尔出现在日本。在日本关东地区看到它们，这可能是全球气候变暖带来的影响。苏铁是它们的寄主植物，因此先找到苏铁，再去寻找并耐心观察，等待曲纹紫灰蝶张开翅膀。

合上翅膀时，颜色较为平淡。

这是一张交配场面的照片，背景中能看到东京市中心的建筑物。这就是它们在关东地区出现的证据。

孔雀蛱蝶

美丽的蝴蝶，拥有类似孔雀羽毛图案的大型眼斑。翅展 50~55 毫米，栖息于相对凉爽的地方，例如本州的山脉和北海道的平原。在近畿以西没有分布。不到野外去是看不到它们的，因此一有机会，一定要争取观察到张开翅膀的美丽瞬间！

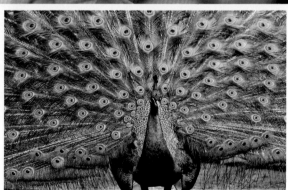

看看这个!

眼睛一样的斑纹

孔雀蛱蝶等昆虫翅面上的眼斑很像一对大眼睛，据说可以有效地保护它们免受鸟类天敌的捕食。当翅膀合上后，许多蝴蝶和飞蛾会难以被发现，因为翅背面通常模仿树皮和枯叶的颜色。

见98页

在这一章中，我们将关注生命诞生的神秘场景，例如产卵、孵化和羽化。

如果知道身边的环境如此生机勃勃，相信您一定会迫不及待想去亲眼观察一下的。

第2章
跃动的瞬间

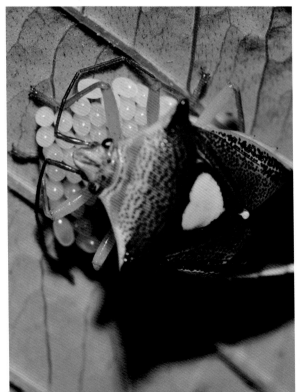

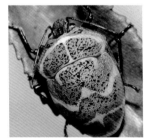

阿菊虫的羽化

麝凤蝶

麝凤蝶的蛹看起来像是双手被反绑的女人，还有貌似涂着口红的嘴唇部分，因此通常被称为"阿菊虫"。如果你找到了一个这样的蛹，就有机会见识到麝凤蝶羽化的瞬间。

观察资料

时间 ● 5～9月。
地点 ● 马兜铃。

幼虫取食的马兜铃，为一种有毒的植物。所以，它们的幼虫、蛹和成虫都是有毒的，能够阻止鸟类的猎食。雄性身体大部分呈黑色，雌性则有灰色和黄色的斑纹，翅展可达10厘米。如果你用手捕捉雄性麝凤蝶，能闻到一种甜甜的香味。这是因为雄性腹部的下方有分泌香气的腺体，会分泌出类似熏香、能够吸引雌性的香气。麝凤蝶有"归巢"的习性，在雌性羽化飞走后，你能观察到它们飞回原来的地方产卵。

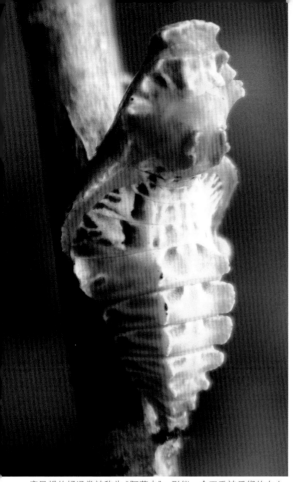

麝凤蝶在马兜铃上产卵。

刚产下的卵。一堆卵可以有 5~6 枚。

幼虫具有独特的斑纹。

麝凤蝶的蛹通常被称为"阿菊虫",形似一个双手被反绑的女人。这个名字源自日本传统鬼怪故事《皿屋敷》中的女主人公阿菊。在拥有姬路城的姬路市,麝凤蝶被指定为那里的市蝶。

幼虫即将化蛹,准备变身为"阿菊虫"。

雌性麝凤蝶在吸食花蜜。雌性的翅大部分是灰色的,可以与雄性区分。

红色还是白色？最后会是什么颜色，

黑脉蛱蝶

图为黑脉蛱蝶的成虫羽化后剩下的蛹壳。带有红色斑点的是夏型成虫，而白色的春型成虫则在春季羽化。

蛹逐渐变黑，成虫羽化在即。

观察资料

时间 ● 5~10月。
地点 ● 朴树。

大型的凤蝶，体长 40~50 毫米。从 5 月到 10 月都可见。最初分布于奄美诸岛以南，但最近在日本关东地区的南部也有发现。活动于森林边缘和杂木林中。

具有红色斑点的夏型成虫在产卵。

在朴树叶子上产下的卵。

黑脉蛱蝶幼虫。

黑脉蛱蝶的幼虫。卵孵化后，幼虫拟态树枝和树叶，逐渐成长。

越冬幼虫。两只越冬的幼虫并排在一起。

日本关东的黑脉蛱蝶来自中国？

如图所示，黑脉蛱蝶的夏型具有红色的斑点，而春型则相对较白。最初，日本只在奄美诸岛有夏型黑脉蛱蝶，但近来在关东地区也观察到了。另外，日本还出现了白色的春型黑脉蛱蝶，据说之前仅在中国有分布，很可能有人将它从中国带到了日本并进行了繁殖。日本原生的黑脉蛱蝶，由于入侵种群的逐渐壮大而面临严峻的竞争。

夏型成虫具有明显的红色斑点。

春型成虫没有红色斑点，翅面偏白色。

神奇的羽化

黑尾大叶蝉

可爱的黄色大型叶蝉，时常能在身边发现。这种昆虫从若虫到成虫的转变非常神奇。羽化时，透明的淡黄色身体十分美丽。

俗称"香蕉虫"。擅跳。当敌人接近时，它们会侧着身横走，躲在植物茎干后面。

观察资料

时间 ● 3~6月，8~12月。
地点 ● 草地、森林、居民区。

体长13毫米左右。由于成虫身体大部分呈黄色，所以又被称作"香蕉虫"。每年的3~6月以及8~12月，可以在草地、森林和居民区看到它。以成虫越冬，交配后在春季产卵。是知了的远亲，用锐利的口器刺穿植物并吸吮汁液。

黑尾大叶蝉在交配。

我发现了一群黑尾大叶蝉的成虫和若虫。若虫身体也是黄色的，与成虫很像。

黑尾大叶蝉以成虫越冬。如果在冬天向叶子背面看去，能发现聚集在一起避寒的黑尾大叶蝉。

黄色的翅、红色的触角

钝肩普缘蝽

成虫是有茶色翅膀的椿象，但在刚刚羽化的瞬间，身体大部分呈鲜黄色。此外，它们还是一种有着红色触角的美丽昆虫。

观察资料

时间 ● 4~11月。
地点 ● 西南卫矛。

成虫体长 14~17 毫米。翅深褐色，腹部黄色，侧面有黄色和黑色条纹。主要见于西南卫矛，成虫在西南卫矛新芽萌发时产卵。

黄色的若虫聚集在叶片上晒太阳。

成虫的翅呈茶褐色。这些椿象成群地生活，通常吸食树木果实的汁液并在树叶上晒太阳。

蜕皮成功。一段时间内，全身都是鲜亮的黄色。

钝肩普缘蝽在交配。

若虫从产于西南卫矛新芽上的卵中次第孵化。

为什么腹部是黄色的？

  成虫经常在西南卫矛的果实中吸吮汁液，为越冬做准备。这时，可以看到它们圆鼓鼓的黄色腹部。由于西南卫矛的果实本身也是黄色的，为钝肩普缘蝽提供了一种保护，使它们很难被发现。钝肩普缘蝽身体的颜色真的很漂亮！

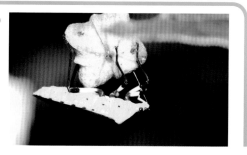

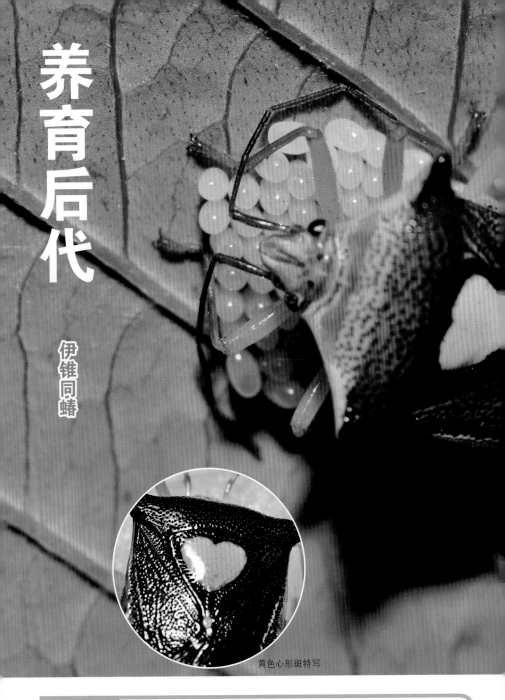

养育后代

伊锥同蝽

黄色心形斑特写

时间 ● 5~10月。
地点 ● 灯台树。

体长 10~14 毫米，为背面具有心形斑的椿象。主要取食灯台树，但并不是每棵树上都有，倾向于聚集在特定的一些树上。这可能是聚集信息的作用吧。

伊锥同蝽的成虫有抚育后代的行为。实际上，很少有昆虫这么做。日本有超过850种椿象，但只有16种在产卵后守护在旁边。

6月时，伊锥同蝽在灯台树叶子的背面产卵并趴在卵上，至少两周不吃不喝。当人靠近时，成虫还会俯身掩住身下的卵。

从9月开始，若虫从成虫腹下一个个孵化出来。在我观察时，成虫歪向一边，展现出身下的若虫。

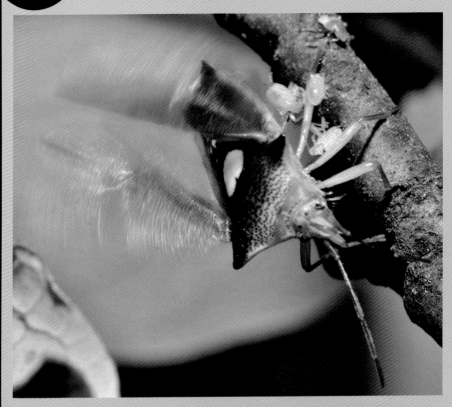

仔细观察: 伊锥同蝽的生态

当天敌接近时，伊锥同蝽张开翅膀并扇动，散发出浓烈的臭气，如上图所示。背上黄色的心形斑和红色的腹部十分明显，这些颜色搭配展现出一种令人惊叹的怪异感，能使天敌受惊吓而退缩。

敌人被黄色的心形斑和红色的腹部吓走了。

观察得越仔细，你对这些伊锥同蝽的奉献精神就会越发惊讶。

卵产后大约在一周内会孵化出黄色的 1 龄若虫，它们在一周左右蜕皮，变成黑色的 2 龄若虫。

若虫在成虫的保护下长大，最后爬向灯台树的果实。运气好的话，当若虫到达目的地时，这些果实刚好成熟，甘甜又多汁。若虫会自己吸食果汁。

成虫随着若虫的脚步也来到果实这里开始吸吮，填满自己两周来饿瘪了的肚子。

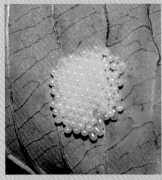

亮绿色的卵整齐排列，一次产卵量可多达 100 个。

一直在成虫保护下的若虫达到了第 2 龄。

到达灯台树果实的若虫们。从此，它们必须自食其力。

若虫离开成虫，向灯台树果实进发。

正在交配的伊锥同蝽。

从蝉身上下来

一种包在茧里的昆虫，在日本雪松树皮上留下白色的丝线。这是蝉寄蛾的幼虫。这是这些寄生性幼虫脱离寄主，最终独立的时刻。

蝉寄蛾

观察资料

时间 ● 8~9月。
地点 ● 日本雪松。

成虫体长 7~8 毫米,小型蛾子。在蟪蛄(日本暮蝉)身上仔细寻找，就能找到蝉寄蛾。寄生往往在夜间进行。蝉寄蛾的 1 龄幼虫，等待时机，待蟪蛄趴到树上后，便爬到后者的身体上。然而，它们是如何爬到后者身上的，我们还不清楚。蟪蛄成虫的寿命只有 1 至 2 周，因此蝉寄蛾的幼虫必须在这段时间内快速地从 1 龄长到 5 龄。

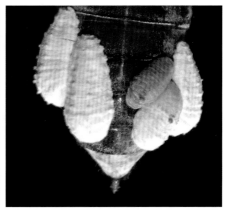

蝉寄蛾的幼虫寄生在螗蝉身上。被白色的蜡质分泌物包裹的是末龄幼虫，而2~3龄幼虫则为红棕色。它们从螗蝉的身体中获取营养，但又不至于获取太多而使寄主死亡。

多次蜕皮后，蝉寄蛾成为末龄幼虫，身体被蜡质分泌物包裹起来，这时它们准备离开寄主。它们围着螗蝉的身体吐丝，用腿上尖锐的倒钩将其牢牢抓住，即使后者猛烈抖动也不会掉落。

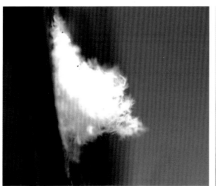

幼虫成功离开寄主并附着在日本雪松的树皮上。在这个茧里，它们变成蛹，最后以成虫钻出。

蝉寄蛾的蛹。

羽化的瞬间。成虫从茧内钻出。

蝉寄蛾的成虫。这是一种翅膀比较宽钝的小型蛾子。

从泡泡里钻出

中华大刀螳

春暖花开时节，中华大刀螳若虫从越冬的泡沫状卵鞘中陆续钻出。这些若虫散落开后，开始捕食猎物。

> **观察资料**
>
> 时间 ● 4~11月。
> 地点 ● 庭院、公园。

大型的绿色或棕色螳螂。在身边的许多地方都能看到它们的身影。它们在秋天产卵，以卵的形式越冬。在春天，从卵鞘中孵化出许许多多若虫。捕食各种小昆虫。

螳螂属于不完全变态昆虫，它们的若虫和成虫形态相似。通过一次次的蜕皮，逐渐长大。

在秋天可以观察到这样大腹便便的雌螳螂。它的肚子里已经装满了卵。

雌螳螂在产卵。同时，它分泌大量的黏液，形成泡沫并包裹住卵。

螳螂的卵鞘，外层的泡沫保护着里面的卵。在越冬过程中，泡沫还有隔温的作用。卵鞘通常能在不会被雪掩埋的高处被发现。

有时，还没越冬的卵会被鸟啄开卵鞘并吃掉。

看看这个!
螳螂的死亡婚礼

在雌性产卵前，需要同雄性交配，有时雌性会将雄性吃掉。如果你知道孵化的螳螂卵是这样来的，你对孵化瞬间的感动将会更加强烈。

见114页

连着身体产卵！

碧伟蜓

碧伟蜓在池塘水生植物的茎上产卵，雌雄两性之间身体相连。这种奇怪的姿态造就了生命诞生的瞬间。

观察资料

时间 ● 5~11月。
地点 ● 池塘的水草上、稻田。

腹部下面呈黄绿色。成熟的雌性有棕色的翅膀。通常在池塘水草的茎上产卵。大约 50 年前，城市里也有许多碧伟蜓，但现今大多池塘都变成了住宅地，碧伟蜓原有的栖息地发生了巨大变化。在市中心，只有在有池塘的公园里才能观察到它们。

各种蜻蜓产卵

在泥里产卵！

巨圆臀大蜓

观察资料
时间　6~10月。
地点　杂木林的溪流附近。

巨圆臀大蜓是日本最大的蜻蜓，拥有黄黑相间的条纹。在山涧溪流中可以看到它们产卵。雌性轻轻降落在雄性找不到的安静溪流边，小心翼翼地保持身体的直立并开始产卵。

巨圆臀大蜓将腹部末端插入山涧溪流底部的泥中产卵。

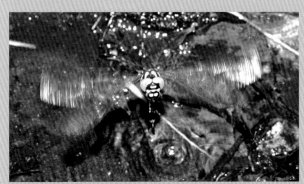

雌性在产卵过程中，如果被雄性发现，则会被后者抓住并强行拖走，从而中断产卵。因此，雌性总是很努力地匆忙产卵。

雄性在溪流上空寻找配偶。

在产卵地以外的地方进行交配。

棱脊绿色螅

观 察 资 料

时间　4~8月。
地点　溪流。

雄性有两种类型，分别有红棕色的翅和无色透明的翅。雌性通常在溪流中的木头上产卵。在它们找到湿度合适的地方后，便将腹部末端插入，花费很长时间来产卵。

雌性在溪流中寻找合适的木头以产卵。

在植物上产卵！

在产卵雌性的不远处，有红色翅膀的雄性正在守卫。这是因为雄性蜻蜓有将雌性体内其他雄性的精子刮出，再次强行交配的习性。这种行为是为了延续自身的遗传基因。

在叶子上交配的棱脊绿色螅。

玉带蜻

观 察 资 料

6~9月。
水边。

腹部有2节为黄白色，如同腰带。羽化后会在森林里待一段时间，成熟后会返回池塘。通过在水面轻点产卵。

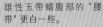

点水产卵！

雌性玉带蜻在水面来回飞行，用腹部末端轻点水面产卵。由于飞行速度快，很难拍摄到这一精彩瞬间。

雄性玉带蜻腹部的"腰带"更白一些。

悬停吸蜜

咖啡透翅天蛾是"悬停大师"。初夏，在花间飞舞的咖啡透翅天蛾找到合适的花朵后，就会悬停下来吸吮花蜜。尽管看起来像蜂类，但它们其实是一种蛾子。从侧面看还很像树莺或绣眼鸟。

咖啡透翅天蛾

观察资料

时间 ● 6~9月。
地点 ● 栀子。

　　体长25~30毫米。在6~9月可见。时常在栀子上活动。幼虫吃栀子的叶子。如果你在栀子叶片上发现了一个长有小尾巴的幼虫，这很可能就是咖啡透翅天蛾的宝宝。

从一朵花飞到另一朵花。

从红色粉末中钻出

　　新羽化的成虫从枯死的枹栎树干中钻出。一开始，成虫浑身覆盖着红色的粉末。这可能是幼虫阶段在隧道中留下的食物残渣。这张照片记录了成虫钻出树干的瞬间。

在幼虫时期，居住于枹栎树干里的栎象是 20 多种寄生蜂的目标。这些寄生蜂在栎象幼虫体内产卵寄生，许多栎象幼虫和蛹都在此攻击下死去了。只有那些幸免于难的个体才能羽化，并以成虫的形态钻出树干。

栎象

观察资料

时间 ● 6~7月。
地点 ● 枹栎或麻栎的枯死树干。

体长 5.5~12 毫米。深褐色的身体覆盖着鳞片。刚刚从枯死的枹栎或麻栎树干中钻出来时，浑身覆盖着铁锈一样的粉末。

炫彩大变身

金绿宽盾蝽

这是一种浑身金属绿色、长有红色斑纹的椿象。在自然界中发现如此生动美丽的昆虫真是令人兴奋，但更加神奇的是，它们从卵开始体色发生的变化。在下一页，我们可以观察到它们出生之后体色的一步步改变。死后，它们的鲜绿色变得暗淡，体色的变化也走向了终点。

若虫聚集在早春溠节花的果实上。其以末龄若虫越冬。

刚刚从卵中孵化的红黑相间的若虫是如此可爱！

观察资料

时间 ● 5~8月。
地点 ● 早春溠节花（木五倍子）。

　　体长 17~20 毫米。5~8 月，在日本本州、四国和九州都能发现。大型椿象。许多个体会聚集在早春溠节花上。体色较黑、在落叶中越冬的若虫于 5 月初羽化为成虫。

在土表发现的金绿宽盾蝽。它看上去就像一枚漂亮的胸针。

仔细观察: 金绿宽盾蝽成长中的颜色变化

让我们仔细研究一下从卵中孵化出来的若虫如何成长为成虫。在这个过程中，它们的体色在不断地发生着变化，能够连续观察到这些变化真是太棒了。

初龄若虫。红色的若虫有些白色的条纹。

若虫到了末龄，由于观察角度的不同，也会闪闪发光。

清晰的黑白斑纹。

黑白相间的末龄若虫寻找落叶过冬。

5月间，越冬后的末龄若虫开始活动。

刚刚羽化的成虫是亮黄色的，
之后慢慢变成闪耀的绿色。

1~2 小时后，颜色稍微变深了一些。

金属绿色逐渐出现。

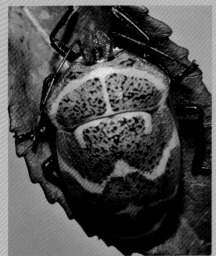

成虫丰富的颜色逐渐显现。

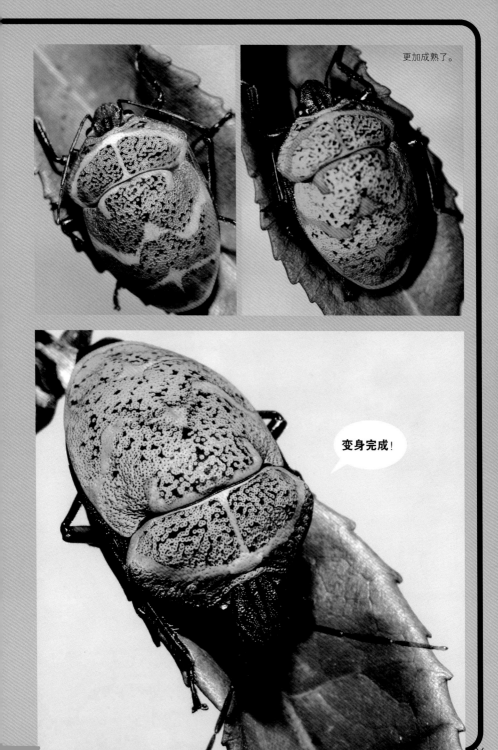

更加成熟了。

变身完成！

快门时机！

抓拍飞行场景

　　用相机定格飞行的昆虫很难，但是某些昆虫，如在 64 页中介绍的咖啡透翅天蛾会在空中悬停，十分方便我们拍摄。

黑长喙天蛾

　　7~11 月，野凤仙花和毛油点草开花，黑长喙天蛾会在这些花丛中盘旋、吸蜜。它们在悬停时翅膀一直在拍动，因此要使用手动对焦和高速快门来拍摄。现今许多相机都有连拍功能，这使得拍摄悬停的黑长喙天蛾更加容易了。

黄胸木蜂

在油菜花、日本紫藤花和洋槐花盛开的春天，黄胸木蜂会在这些花朵之间盘旋。

黄胸木蜂前来吸吮花蜜。它们看起来有点吓人，但很少蜇人。只有雌性才有螫针。

悬停的目标

日本蜜蜂

春天，日本蜜蜂活动在油菜花和樱花附近。它们在樱花树树干的孔洞中筑巢。图中这只蜜蜂在油菜花丛中飞行，它的后腿上有一个花粉篮，携带着一撮花粉。

羽芒宽盾食蚜蝇

虽然看起来像一只蜂，但它其实是一只拟态熊蜂的食蚜蝇。它有圆鼓鼓的身体，在花丛中飞来飞去，吸食花蜜。

大蜂虻

这是食蚜蝇的远亲。蜂虻伸出长长的口器吸食花蜜以及其在花间盘旋的身影，都是春天的特色景象。

美丽的飞翔身姿

花椒凤蝶

拍摄蓝天下的花朵和花椒凤蝶飞翔的景象。如果你能负担得起拍摄器材的费用，这将成为你的一大乐趣。

苎麻双脊天牛

这种天牛有着对比明显的浅蓝绿色与黑色的斑纹。它们经常出现，有不少拍摄的机会。在飞翔时，苎麻双脊天牛将长过翅膀的触角伸直。它们飞行速度很快，很难抓拍到飞行的画面。

日本筒天牛

这是一种独居甲虫，它在金银花的叶片上停歇、啃食。当它们起飞的时候，蓝色的翅膀和橙色的身体交相辉映。观察日本筒天牛的飞翔十分有趣。

波琉璃纹花蜂

有寄生性，成虫主要取食花蜜。为一种夏天出现的漂亮蜂类，飞行迅速，较难拍摄。

76 第2章 跃动的瞬间

拟态指的是生物模拟其他事物的一种行为。拟态可以帮助生物躲避自然天敌从而存活下来。如果一种昆虫没能逃脱天敌的追捕或成功躲避起来，它们很可能会消失在历史的长河中。在这一章中，我们将一起来探索常见的昆虫拟态场景。

第3章
拟态的瞬间

只是树枝

竹节虫

时间 ● 7~11月。
地点 ● 树皮和树枝。

体长50~100毫米。竹节虫伸展长腿，形似树皮、树枝和叶柄，一动不动以拟态枯枝落叶。然而，它们的若虫很好动，经常被鸟捕食。当竹节虫感受到危险接近时，它们会切断自己的腿然后逃跑。断掉的腿可以在蜕皮时再生，最后完好如初。竹节虫一生要蜕皮5~6次。

还是看不到！

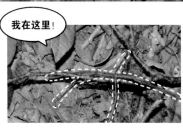

我在这里！

你能在树枝旁找到竹节虫吗？我很高兴能找到这个拟态昆虫，还好我认识它，否则真是难以发现。竹节虫是"隐藏拟态"的代表，它的形状和颜色都融入了环境，使捕食者难以发现。

仔细观察: 寻找竹节虫

竹节虫体色大多为绿色或褐色。绿色型时常趴在树枝上,需要耐心寻找。棕色型则大多出现在树皮上,一动不动。即使在这里展示的几张照片中,如果不仔细寻找,也难以发现它们。

我在这里!

竹节虫的若虫。竹节虫也是不完全变态昆虫,若虫看起来就像缩小版的成虫。

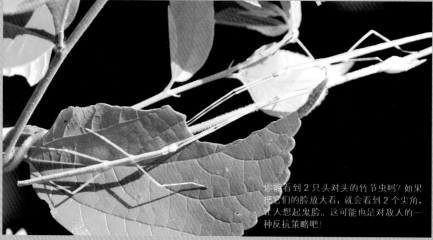

你能看到 2 只头对头的竹节虫吗？如果把它们的脸放大看，就会看到 2 个尖角，让人想起鬼脸。这可能也是对敌人的一种反抗策略吧！

躲藏在寄主植物中的幼虫

青凤蝶幼虫

青凤蝶的幼虫躲藏在樟树叶片上。

观察资料： 见22页

尺蛾科的幼虫（尺蠖）

拟态成一根树枝的尺蠖。

观察资料

时间 ● 叶片萌发时。
地点 ● 樱花树等。

由于尺蛾的种类繁多，很难分辨哪些幼虫会成长为哪些成虫。在过去，如果你想将一个小陶罐子挂到树枝上，可能会错将尺蠖当成树枝。因此，这些昆虫通常又被称为"陶罐虫"。

毛虫是蝴蝶和蛾子的幼虫，它们能够通过各种各样的拟态保护自己。这里展示的毛虫犹如活的植物，很难找到。它们将树叶和树枝模仿得惟妙惟肖，与环境几乎融为了一体。

黑脉蛱蝶的幼虫与朴树的嫩叶融为一体。

黑脉蛱蝶的幼虫

观察资料： 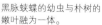 见46页

83

在草丛里

将自己隐藏在草丛中的飞蝗。

当我们在路上散步时，很容易看到蹦跶的蝗虫，例如飞蝗和剑角蝗；但当它们跳进草丛之后，就很难找到了。

中华剑角蝗的绿色型身体上有绿色和褐色的斑纹，而褐色型几乎全为褐色。夏季时大多是绿色型，随季节更替，枯草增加，它们逐渐变成褐色型。这是对环境绝佳的拟态。

飞蝗

观察资料

时间 ● 6~10月。

地点 ● 草地。

体长 48~65 毫米。这种漂亮的蝗虫被称作飞蝗。在草原上很常见，除了翅，身体大部分是绿色的，但也有褐色的变异型。尽管在日本很少见，但当食物短缺时，它们会变成长翅型，并形成数量惊人的大群。

躲在草丛中的大蚂蚱

中华剑角蝗

为既有绿色又有褐色的个体。随着秋天的临近，褐色个体将变多。

在夏天，中华剑角蝗基本上都是绿色型的。它们在草地上向后退五六步，身体后部即隐藏在草里了，使它们很难被发现。

秋天多为褐色型，
完美地隐藏在枯草中。

观察资料

时间 ● 6~12月。
地点 ● 草地、林缘。

体长 40~80 毫米。中华剑角蝗是日本最大的蚂蚱。雄性个体只有雌性个体的一半大。飞行时，会发出"kichi-kichi"的声音。

85

与叶同化！

萝藦艳青尺蛾就像叶子的一部分。虽然被称作"地图蛾"，但它们模仿的是枯萎的叶子。

昆虫翅膀的形状，本身就很适合拟态落叶。虽然经过数千年甚至数亿年的进化，但它们如何做到这么精准的模仿，这令我十分惊奇。

萝藦艳青尺蛾

观察资料

时间 ● 5~8月（日本本州），3~10月。
地点 ● 隔山消、小叶鹅绒藤。

由于翅面有犹如地图的斑驳图案，又称作"地图蛾"。发生于公园和杂木林中，不是很容易观察到。我每次发现都要拍摄一番。

黑长喙天蛾

吸蜜累了，落在枯叶上休息。

时间 ● 7~11月。
地点 ● 枯叶、芦荟的枯死部分。

体长 22~25 毫米。在飞行时，从一朵花飞到另一朵花，吸食花蜜；累了之后会在枯叶上休息。

翅背面有模仿叶子的图案。停在植物上时，容易被认作叶片。

黄尖襟粉蝶

观察资料

时间 ● 4~5月。
地点 ● 十字花科的碎米荠、旗杆芥、薜菜等植物。

在村子里、树林边经常能发现它的踪影。后翅的背面有着优雅的黑绿色斑纹。阳光明媚时，它们会在空中轻飘飘地缓慢飞行；当太阳落下或阴天时，它们就会落在树枝或树叶上将翅膀合并。后翅斑驳的纹理将它们与环境融为一体。

融入树皮

黑缘光裳夜蛾与樱花树皮融为一体，难以被发现。在夏天能观察到。

许多昆虫的翅面都具有复杂的斑纹，与活树表面的纹理惊人地相似。如果不仔细寻找是发现不了的。

黑缘光裳夜蛾

观察资料

时间 ● 6~10月。
地点 ● 樱花树、麻栎、枹栎等。

前翅具有复杂的斑纹，易于拟态树皮。后翅底色黑色，具有白色的斑纹，在飞行时十分醒目。在城市郊区的树木上，比如樱花树上容易遇到。

眼纹斑叩甲

日本脊吉丁

在这棵死掉的松树上，有一只日本脊吉丁（左侧）。如果你仔细寻找，还能看到右边与树皮融为一体的眼纹斑叩甲。

日本脊吉丁

观察资料

时间 ● 7~9月。
地点 ● 松树林周边。

　　体长 24~40 毫米。松树的害虫。与 28 页介绍过的金光闪闪、彩色艳丽的吉丁虫相比，它的颜色较为暗淡，与树皮相似。

眼纹斑叩甲

观察资料

时间 ● 4~8月。
地点 ● 松树林周边。

　　体长 22~30 毫米的大型叩甲。幼虫取食枯木中其他昆虫的幼虫。这些被取食的幼虫吃枯死的松树，它们与叩甲幼虫很像。

变成一个芽

碧蛾蜡蝉

碧蛾蜡蝉形似植物的嫩芽。

在初夏时节，树枝上出现一串嫩芽一样的昆虫。如果你仔细观察，可以看到它们的翅膀上还有拟态植物叶脉的纹理。

观察资料

时间● 7~9月。

地点● 各类草木。

体长9~11毫米。全身覆盖有白色的蜡粉，成虫翅膀有漂亮的红色边缘。外国学者将它们命名为"Geisha"（艺伎），因为它们身姿优美，如同日本传统艺伎。

绿色的翅膀上有红色的边缘。

消失在地面上

隐藏在枯叶中的黄胫小车蝗。

一些蝗虫拟态地表的物体。黄胫小车蝗浑身哪怕是复眼都是褐色的，可以完美地隐藏。

黄胫小车蝗

观察资料

时间 ● 7~11月。
地点 ● 公园内的荒地、路边、河岸等地。

体长 40~45 毫米。前胸有 1 个 "X" 形的斑纹。体色大部分绿色或黑褐色，有一定的变异。据说是蝗虫中种群数量最大的一类。

蚱（菱蝗）

观察资料

时间 ● 4~10月。
地点 ● 庭院、草地、树荫下。

体长约10毫米。后背菱形，所以又称"菱蝗"。每只身上都有独特的斑纹，没有两个完全一样的个体。

它们与地面融为一体，从远处难以发现。

仔细观察: 蝴蝶翅膀的背面?

琉璃蛱蝶

翅背面模仿树皮的样子。如果它停歇在树皮上,可能会在敌人面前完全隐形。

张开翅膀后显露出正面美丽的颜色。当翅膀合上后,许多蝴蝶都会拟态枯叶或者树皮。让我们一起来看看这些蝴蝶吧!

观察资料

时间 3~11月。
地点 栎树等。

成虫时常光顾流出汁液的栎树。幼虫主要取食菝葜。

翅膀打开后,可以看到黑蓝色底色上有美丽的浅色宽带。

黑暮眼蝶

一种黑褐色的蝴蝶，翅膀背面的图案使其看起来像一片枯叶。翅仅仅在刚羽化时打开，之后大部分时间都闭合在一起。翅背面的颜色有两种类型：浅褐色的春型和黑褐色的秋型。

羽化后，展开翅膀，显露出黑褐色的正面。

观察资料

时间 4~12月。
地点 薏苡、芒草。

为南方蝴蝶。在阴暗的林下，停歇于枯叶或树干上。如果你路过，会被突然飞起来的蝴蝶吓到。幼虫吃薏苡或芒草，低龄幼虫会群聚在一起。成虫飞行十分活跃，尤其是在日落时分。这种蝴蝶很特别，在成虫阶段并不访问花朵。它们吸食栎树的甜汁液和无花果的果实。

翅展开后，黄色的底色上有许多黑色的斑点；而合上的翅看上去完全就是一片枯叶。

黄钩蛱蝶

观 察 资 料

4~12月。
葎草。

幼虫取食葎草。这是一种在铁路沿线和公园中生长的常见植物。如果在葎草丛中发现了黄钩蛱蝶，你可以观察它们从卵到成虫的成长过程。成虫在身边十分常见。

颜色更加接近地面的是秋型和越冬成虫。夏型要更黄一些。

大红蛱蝶

具有美丽而复杂的斑纹。翅膀背面拟态枯叶，但如果你仔细观察，还会发现它有一些优美的斑纹。

观察资料

时间 ● 3~12月。
地点 ● 林缘、草地、街道。

它时常光顾流汁的树，在秋天也会被熟透的柿子吸引。幼虫取食荨麻科植物，比如苎麻和大叶苎麻等。成虫越冬，可在早春观察到。你时常能在公园中看到它们在飞翔。

拟态有毒的蝴蝶

看上去与有毒的麝凤蝶十分相似，但实际上是一种凤蛾。它的个头比麝凤蝶要小得多，但在觅食的鸟儿眼里，它看上去就是一只麝凤蝶。

有毒的麝凤蝶很少被鸟类攻击。

浅翅凤蛾

观察资料

时间 ● 5~8月。
地点 ● 灯台树上、草上。

　　麝凤蝶的前翅长45~65毫米，而浅翅凤蛾的前翅只有约30毫米，后者要小得多。它们在白天慵懒地飞翔于寄主树木上方，如灯台树的周围，在夜晚飞翔更活跃。

斐豹蛱蝶

　　雌性的翅末端黑色，拟态有毒的金斑蝶。两种蝴蝶都生活在比较温暖的地区。

观察资料

时间 ● 4~12月。
地点 ● 白色的花朵上。

　　前翅长30~40毫米。在日本关东地区以南栖息。在白色的花朵上较多，秋季数量大。由于全球变暖，原先只分布于西南部的蝴蝶现在也能在关东地区找到。幼虫取食公园里的董菜和三色董，所以它们的分布区域很容易扩大。

有毒的金斑蝶。这两种蝴蝶看上去十分相似。

吓退敌人的眼斑

用复杂的眼斑吓退敌人。这是一张难得的日本笋纹蛾交配照片，可以看到明显的两对眼斑。

如不仔细看，你可能会忽略这种蛾子，因为它们同时也在拟态树皮。如果注意到树干上的一对大眼睛，你可能会大吃一惊。捕食者比如鸟类，也会被这对眼睛吓到并停止进攻。不少昆虫拥有这种眼斑。

日本笋纹蛾

观察资料

时间 ● 3~5月。

地点 ● 树皮上。

在宽大的翅膀上有着复杂斑纹的大型蛾子。乍一看去仿佛是猫头鹰的脸。只能在春天才能观察到。

旋目夜蛾

拥有神奇的逗号形眼斑的旋目夜蛾。其他的斑纹也很漂亮。

时间 ● 4~9月。

地点 ● 流汁液的枹栎和麻栎，腐烂的果实。

大型蛾子，翅上有逗号形的眼斑。容易被流汁液的麻栎和枹栎吸引。

翅背面灰色、较为暗淡，但在前翅边缘有 1 个很大的眼斑。在这个眼斑下方的后翅边缘，还有 3 个小眼斑和 3 个稍大一点的眼斑。

拟稻眉眼蝶

时间 ● 5~10月。

地点 ● 芒草。

在晴朗的日子，在草丛上方飞翔或停歇在叶片上。幼虫取食芒草。

蓝凤蝶的幼虫

在胸部有一对眼睛一样的斑纹。当危险逼近时，蓝凤蝶的幼虫还会伸出一对红色、散发刺激性气味的臭角来吓退敌害。真是完美的抵御外敌的策略！

没有伸出臭角的样子。胸部的眼斑十分明显。

观察资料

时间 ● 4~10月。

地点 ● 柑橘、山椒。

　　成虫的翅膀黑色。成虫在树林间飞翔，停留在毛油点草花上吸食花蜜。幼虫常取食柑橘叶片。

枯叶夜蛾的幼虫

这只处于警戒姿态的枯叶夜蛾幼虫身上有
巨大的眼斑。它看上去就像一条小蛇，能
够吓退鸟类。寻找这种幼虫，观察它的警
戒姿态。

观察资料

时间 ● 6~11月。

地点 ● 木通等植物。

　　成虫的翅膀拟态枯叶。幼虫身上有
两对大眼斑，从两侧都能看到。在木通
叶子上常能找到。

仔细观察：捕食昆虫的鸟类

北红尾鸲（雌）

　　鸟类大多以昆虫为主食。为了解昆虫是如何保护自己的，你需要想象一下在鸟类飞翔时，它眼中的昆虫是什么样子的。如果你想对昆虫有深入的了解，还需要知道它们吃什么植物，这里面还有很多需要调查的内容。

　　鸟类一般不会攻击有毒的蝴蝶，有时它还会被昆虫身上的眼斑惊吓到。然而，尽管昆虫有着这么厉害的防身术，每天还是有大量的昆虫被鸟类吃掉。千百万年来，昆虫和鸟类一直在进行着攻防之战。

山斑鸠

绿啄木鸟

大山雀

斑鸫

牛头伯劳

灰头鹀

树麻雀

暗绿绣眼鸟

杂色山雀

栗耳短脚鹎

白鹡鸰

伪装成胡蜂

哇，大胡蜂！令人惊异的是，它其实无毒无害，不蜇人也不咬人。不仅仅是身体上的斑纹，还有行动的姿态，看起来就像一只胡蜂。除了桑脊虎天牛之外，还有许多的昆虫乍看上去如同蜂类。

近胡蜂

桑脊虎天牛

观察资料

时间 ● 7~9月。
地点 ● 桑树树皮上。

体长 15 毫米。身体粗壮。成虫在 7~9 月出现。活动于公园中茂密的桑树间。在桑树的树干、树枝上仔细寻找，很容易就会发现它们。

透翅蛾

观察资料

时间 ● 8~9月。
地点 ● 枹栎、麻栎、小叶青冈。

　　体长 25~43 毫米。广泛分布于东南亚，在日本分布于本州和九州。活动敏捷，不易寻找。夏季出现。

身体有黄黑相间的条纹，和胡蜂十分相似。据说拟态的是胡蜂或马蜂。

黄侧异腹胡蜂

毛足透翅蛾的后足上有浓密的毛，这可能是在拟态同样多毛的熊蜂，或者颜色相似的波琉璃纹花蜂。

毛足透翅蛾

观察资料

时间 ● 6~7月。
地点 ● 珍珠菜的花、草上。

波琉璃纹花蜂

　　体长 12~14 毫米。后足胫节上长有浓密的毛。可以在珍珠菜的花附近观察到。

短腹蜂蚜蝇全身看上去宛如一只熊蜂。当它在花朵上吸蜜时更是难以区分。

短腹蜂蚜蝇

观察资料

时间 ● 5~9月。

地点 ● 杂木林。

体长 17~20 毫米。大型食蚜蝇，翅中央有 1 条黑带。可以观察到它们在花间飞舞，取食花蜜和花粉。

熊蜂

侧斑柄角蚜蝇

黄缘蝶蠃

侧斑柄角蚜蝇可能的拟态对象。

观察资料

时间 ● 5~10月。
地点 ● 树叶上，树干上流出的汁液。

体长15~20毫米。身体黑色，有黄色的斑纹。经常在草叶上活动，或者舐舔树干流出的汁液。

长角蝱蝇

观察资料

时间 ● 6~8月。
地点 ● 叶子上、板栗花上。

体长约10毫米。拟态胡蜂时，触角的样子很像后者，连停歇的姿态都模仿得惟妙惟肖。

陆马蜂

长角蝱蝇的拟态对象。

黑黄蜕蝇

看起来像胡蜂的大型蝇类。触角很短，很容易与胡蜂区别。当你知道它其实是一只蝇时，则无须担心自身安全，放心地近距离观察吧。

观察资料

时间 ● 5~10月。
地点 ● 叶子上、板栗花上。

　　体长 14~18 毫米。具有模拟黄侧异腹胡蜂形态特征的习性。数量不算太多，但在板栗花上寻找应该能发现。

黄侧异腹胡蜂

萤火虫的气质

野茶带锦斑蛾

红色的颈部赋予了野茶带锦斑蛾一种类似萤火虫的气质。它真的是在模仿萤火虫吗？这有什么意义呢？翅上的黑白斑纹可能是针对鸟类的警戒色。

观察资料

时间 ● 6~9月。
地点 ● 居民区、杂木林等。

体长 45~60 毫米。一种白天活动的蛾子，经常在灌木丛中飞舞，或停留在森林里潮湿的区域。幼虫取食枹树。幼虫和成虫体内均含有剧毒的氰化物，能发出难闻的气味。

拍摄蛛网

除了冬天外，从春天到秋天都能观察到蜘蛛网。虽说蜘蛛不属于我们这里专门观察的对象，但是我们还是可以在蜘蛛网上观察被捕获的昆虫。

有一天，我在夕阳的照耀下发现了树顶上的一张蜘蛛网，于是举起相机拍摄下此景。我为这难得一见的美丽色彩感到惊奇。相机能记录下人眼看不到的紫外线和红外线。

光线在蜘蛛网上折射、叠加并放大，展现出绚丽的色彩。换作另一天观察，由于太阳位置的变幻或者风的影响，它可能就没这么漂亮了，看起来完全不是之前的样子。

111

你们也被蜘蛛网吸引了吗？

蜘蛛网的功能是什么？昆虫被有黏性的蛛丝粘住，成为蜘蛛的猎物。从昆虫的角度来看，可能不难猜测，蛛网可能对它们也能产生诱惑。对人类来说，蛛丝就像一根白线；但在昆虫的眼睛里，蛛丝难道不是闪闪发光、充满诱惑的东西吗？而蜘蛛作为蛛网的主人，需要躲避天敌、保护巢穴。随着风的吹拂，变幻的色彩可能会吓走天敌，使蜘蛛有机会逃脱。我不了解深层次的原理，但我猜，相机记录下来的这些颜色变化很可能反映了蜘蛛在进化过程中，发展出来的对捕获猎物和保护自己之间矛盾的一种平衡。

被蛛网缠住的熊蜂（上）和青凤蝶（下）。

昆虫体态优美，却时刻处在生与死之间；它们时常受到敌人的攻击，或者捕猎失败而无法活下去。

这样的生存时刻，让我们对生命的意义产生了更多的思考。

第4章
生存的瞬间

致命的交配

中华大刀螳

　　雄性螳螂一点一点地接近雌性。还有 30 厘米时，它一跃而上，爬到雌性的背上。雄性通过将一个含有精子的精包塞进雌性的外生殖器中，完成交配。人工饲养的雄性在交配时时常被雌性吃掉头部或胸部。这在野外并不常见。

中华大刀螳的前足时常收起，如同在祷告或作揖，因此得到了"祷告虫"的俗名。

观察资料： 见 58 页

若虫通过多次蜕皮成为成虫。随着龄期的增长，它们的猎物也越来越大。

把生命献给雌性

　　最近有科学家发表了一篇报告，分析了雌性螳螂取食"丈夫"的行为。该研究的重点是，没有吃过"丈夫"的雌性螳螂的卵巢里，有21.1%的氨基酸来自雄性，而吃过"丈夫"的雌性螳螂的卵巢里则有38.8%的氨基酸来自雄性。此外，吃过"丈夫"的雌性产卵量平均数为88.4个，而没有吃过"丈夫"的产卵量仅有37.5个，吃过"丈夫"

的雌性产卵量是没有吃过"丈夫"的雌性的两倍多。结论是，"父母的投资"不仅仅是"付出越多，回报越多"，雄性甚至甘愿被雌性吃掉，付出生命以给后代提供更多的营养。然而，这是在实验室中进行的观察，结果可能并不能准确地反映自然界中的情况。当然，这种"弑夫"行为在野外很有可能是为了提高种群的竞争力。

胡蜂来袭！

袭击日本蜜蜂巢穴的近胡蜂。

近胡蜂

观察资料

时间 ● 4~11 月。
地点 ● 花朵或流汁的树周围。

　体长 17~28 毫米。成虫性格粗暴，狩猎其他昆虫或取食昆虫尸体。经常在花朵上飞行，吸食花蜜，也吃熟透的柿子。

　在秋天，时常能看到胡蜂攻击蜜蜂的巢穴。如果袭击成功，它们能获得大量的食物。遭受攻击的蜜蜂也会拼命抵抗，但往往会被歼灭。

金环胡蜂

观察资料

时间 ● 4~11 月。
地点 ● 花朵或流汁的树周围。

　体长 27~44 毫米，为日本最大的胡蜂。蜇刺非常危险，群起攻击能致人死亡。在朽木的根部筑巢。夏天杂木林的树干上流出汁液时，会贪婪地前往吸食。此外，它们还会飞到花朵上赶走其他昆虫，独享花蜜。

近胡蜂搜寻日本蜜蜂的巢穴。

日本蜜蜂被金环胡蜂袭击。

最后，日本蜜蜂的巢穴被摧毁。

日本蜜蜂在守卫巢穴。哪怕拥有如此多的数量，它们也难逃被消灭的命运。

仔细观察: 胡蜂的捕食场景

近胡蜂也喜欢吸食花蜜。

由于胡蜂性情凶猛，十分危险，在观察它们的时候也要了解它们的生态习性，切记与它们保持一定距离。从它们的角度来看，为了养育幼虫而进行杀戮似乎无可厚非，但是它们大肆进攻其他昆虫的巢穴及骚扰正在交配的昆虫就是十足的流氓行为了。

袭击正在交配的金凤蝶。

推开正在吸食汁液的花金龟。

撕食死掉的蝉。

群集取食甲虫尸体。

这是近胡蜂的巢。在郊区，它们时常在棚屋的屋檐下筑造球形的巢；但在城市公园里，它们在枯树上或者树下的空洞里筑造不规则的巢。近胡蜂用树皮和朽木加上唾液建造巢。由于不同的巢所用的建筑材料不同，颜色也会发生变化；巢的表面有大理石一样的纹理。

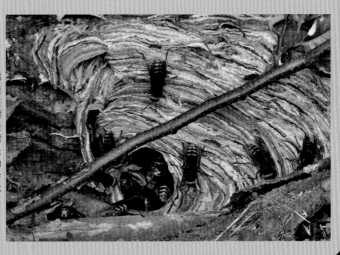

螳螂若虫捕食黑尾大叶蝉

紧紧抓住猎物

螳螂的若虫胃口旺盛，能一直在不停地进食。一天的大部分时间都在寻找猎物。抓住猎物后，前足上的尖刺会帮助螳螂紧抓不放。成虫的食欲也并不降低，还会不停地捕猎各种昆虫。

广斧螳

观察资料

时间 ● 5月中旬之后。
地点 ● 庭院、公园。

成虫体长 50~70 毫米。腹部宽大，翅膀紫褐色或绿色。前足上的白色小突起使它们很容易被识别。深秋产卵，雌性将纺锤形的卵鞘产在不易被发现的树洞中。翌年 5 月中旬，若虫蜂拥而出，散布开来后努力地生存下去。

秋天的成虫时常是棕色的。这种颜色相对于绿色，更容易融入环境，因此被敌人发现的可能更小，更容易生存下去。

若虫捕获了一只蝴蝶。它们经常做出举起腹部的姿态。

瞄准定位，向蝗虫发出致命一击！

大牙吃肉！

成虫有巨大的上颚，能深深咬进猎物的肉里。如果你发现这种昆虫，一定要仔细观察它的上颚，并进一步观察它捕食的动态场景。

星斑虎甲

观察资料

时间 ● 6~7月。
地点 ● 红土路、田野。

体长 10 毫米左右。喜欢稍微潮湿的黏土。在公园的树林边缘或阴凉的黏土地上容易找到它们。

雄性用上颚咬住雌性，骑在雌性背上，共同移动。这样能防止雌性被其他雄性抢占。

在土中产卵的星斑虎甲。

日本虎甲的头部也具有巨大而锋利的上颚，占了头部的近一半长。当小昆虫接近时，它们会俯下身体，平稳地挪近，然后突然用6条长腿急速奔向猎物，用上颚猛地撕咬、咀嚼，并从嘴里分泌消化液，将猎物吞进肚去。

日本虎甲

观察资料

时间 ● 4~10月。

地点 ● 公园中的道路、山路。

体长 20 毫米左右。体色绚丽，犹如宝石。幼虫在土壤里挖掘洞穴，用自己的头部挡住洞口，伏击猎物。当猎物经过附近时，幼虫会突然发动攻击，将猎物拖进洞中享用。

水边的猎人

黑纹亚春蜓

黑纹亚春蜓捕食蝴蝶。捕猎的第一步，是停在叶子上观察。当猎物靠近时，它们将展现出色的飞行和捕猎技能。捉到猎物后，它们飞回叶子上，慢慢地进食。

观察资料

时间 ● 5~7月。
地点 ● 小溪和小河沿岸。

体长 70 毫米左右。在城市公园中、水质干净的河流中可以找到。交配后，雌性飞到水面上，用腹部末端点击水面产卵。

黑纹亚春蜓停在草上，等待猎物出现。

成功捕获菜粉蝶并取食的春蜓。

在交配时，黑纹亚春蜓停下来不飞行。

雌性飞越美丽的溪流，注意观察它们产卵的地点。

蜻蜓捕食的场景

　　蜻蜓在夏秋两季都在优雅地飞翔，它们还是昆虫世界中优秀的猎人，是凶猛的肉食者，敢于攻击大型昆虫。虽然它们能捕猎许多种昆虫，但捕猎场景很少被观察到。这里展示的就是蜻蜓的捕猎场景，可以看到它们能捕猎很多种昆虫。

白尾灰蜻的猎物有大型飞蛾、黄尖襟粉蝶、弄蝶和蝇类。

异色灰蜻以蝇类或蜂类为食。

大团扇春蜓栖息在池塘边的草秆上，一边守卫领地，一边捕猎昆虫。

日本灰蜻捕食细扁食蚜蝇。

棱脊绿色螅在草上捕食小昆虫。

巨圆臀大蜓一边交配，一边进食。

战败的独角仙

独角仙

近胡蜂取食独角仙的肉。

观察资料

时间● 6~9月。
地点● 麻栎和枹栎流出的汁液周围。

体长 30~50 毫米。聚集在麻栎和枹栎树干上流出的汁液周围吸食。在城市公园中可以找到，但近年来合适的流汁树木越来越少了。

日本真葬甲在吃独角仙的尸体碎片。

鸟儿吃剩的独角仙残骸。

　　观察甲虫是大多数昆虫爱好者的必经之路，许多人都捕捉和饲养过甲虫。在这里，我要介绍的是一些比较残酷的场景。

　　早晨，许多雌性甲虫在树根附近的土中休眠；而雄性甲虫喜欢在树顶栖息，它们会成为乌鸦等鸟类的猎物。可口的部分会被吃掉，而坚硬的头部、胸部就被丢弃了。

　　白天在树林里散步，能发现许多雄性甲虫的残骸，雌性甲虫的残骸很少，这可能正是因为雄性的栖身之处招来的灾祸。在白天，鸟儿吃剩的残骸又会被其他许多昆虫享用。

甲虫残骸被蚂蚁享用。

仔细观察： 独角仙和锹甲的生态照

吸食麻栎汁液的独角仙。虽然一旦发现独角仙就会激起你捕捉它的欲望，但耐心地观察它是如何吸食树液的，也是一件十分有趣的事。

在其他书里也有很多独角仙和锹甲的专门信息，可作参考。在此，我只介绍一些不寻常的生态观察建议。

寻找幼虫和蛹

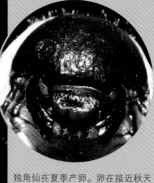

独角仙在夏季产卵。卵在接近秋天时孵化，以幼虫越冬。很多人喜欢对独角仙进行繁育和观察，但你也可以在野外寻找幼虫。在倒下的大树下方的腐殖质中很容易发现它们。独角仙越冬中的幼虫又肥又大，十分可爱。

在初夏，幼虫变成了蛹。在这之前，幼虫会在地下建造一个被称作"蛹室"的小房间。挖开几厘米厚的腐殖土，就能找到它们。

这是一只越冬的屋久岛小锹甲幼虫。我挖开一棵朽木才发现了它。与独角仙的幼虫不同，它的头部是橙色的。寻找越冬幼虫时要温柔一些，观察后最好将周围的环境恢复到原样。

从冬眠中醒来的雄性锹甲

锹甲成虫以冬眠的形式越过寒冬。在 5 月前后，它们逐渐从冬眠中苏醒。这是一只刚醒来的屋久岛小锹甲，刚从朽木里爬出来。冬眠结束时，它们身体比较虚弱。在人工饲养情况下，它很可能挨不过冬天。

吸食体液

捕获猎物的单羽食虫虻。它非常凶猛，在飞行中追击其他昆虫，用强壮的腿捉住猎物。食虫虻类在捕捉到昆虫后，都会吸干猎物的体液。

单羽食虫虻

观察资料

时间 ● 7~8月。
地点 ● 草地。

复眼有着鲜艳而引人注目的绿色和红色。体长 20~29 毫米。捕猎大型昆虫，甚至能捉住蜻蜓。死后，复眼的美丽颜色消失，变成黑色。

标志性的绿色或者红色复眼。

这只食虫虻捉住了一只苍蝇，并正在吸食后者的体液。

仔细观察：

食虫虻的捕猎场景

这类凶猛的家伙能猎杀许多种昆虫。观察它们是如何吸吮猎物体液的。这里有一些示例。

大食虫虻捕食金绿宽盾蝽。

捕食日本弧丽金龟。

大食虫虻

观察资料

6~9月。
草地。

雄性腹部末端有一簇白毛。体长28~30毫米，能捕猎各种各样的昆虫。能捕猎蜂类、蜻类、蝇类和甲虫，有时也会轻松猎杀白尾灰蜻。

长毛食虫虻捕猎短毛拟天牛。

捕猎斑喙丽金龟的瞬间。

长毛食虫虻

观察资料

时间 5~9月。
池境 杂木林。

看上去像是有着白胡子的老人。为体长15～30毫米的大型种，主要捕猎甲虫，也捕猎蜻类并吸食它们的体液。

击杀大蚊。

弯顶毛食虫虻

观察资料

5~8月。
草地。

头的后部有弯曲的刚毛，故得此名。体长15~20毫米，身形纤细。猎物种类繁多，也能捕获很大的猎物，例如大蚊。

看看这个! **日本长足食虫虻的致礼**

它也是食虫虻家族的成员。有着标志性、很长的前足，在捕获猎物后，会高高举起前足，好似在庆祝收获。

见174页

寄生蜂与寄生蝇

寄生蝇

沙泥蜂

在观察了近一个小时后，我发现一只寄生蝇在尾随着正在将毛虫拖进洞穴的沙泥蜂。

沙泥蜂把毛虫放置妥当后，寄生蝇偷偷进入巢穴产下后代。

观察资料

时间 ● 5~9月。
地点 ● 地面等。
　　　常见的泥蜂。体长 22~28 毫米。腹部的第 2 节橙色，腹部前端细长如线。

　　沙泥蜂捕猎到了一只毛虫，将之运回巢穴。在二三厘米远处，一只寄生蝇正在暗中观察。沙泥蜂似乎意识到了威胁，意图将毛虫运到 3 米外的另一处洞穴。寄生蝇似乎未能得逞。如果沙泥蜂在原来的巢穴里存放猎物，可能就会招致寄生蝇的寄生。

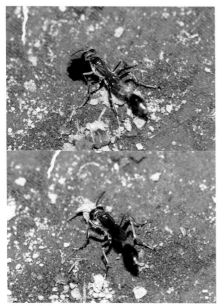

我观察了1小时，看到沙泥蜂带着猎物回到巢穴，将其布置妥当后就飞走了，寄生蝇这时偷偷摸摸地钻进沙泥蜂的巢穴，产下了它的幼虫，而不是卵！

这之后，寄生蝇的幼虫吃掉了沙泥蜂的卵。最后，从巢里出来的就是一只寄生蝇了。每一种昆虫都有它们的天敌，即使是聪明敏捷的沙泥蜂也难逃被寄生的命运啊！

沙泥蜂会在沙地上挖掘5~6厘米深的洞穴，用小石头轻轻盖住，然后寻找它们幼虫的口粮——蝴蝶和蛾子的幼虫，即毛虫。离开为幼虫准备的巢穴后，沙泥蜂会用土或枯叶将洞口填起来，伪装成不易被发现的样子。

沙泥蜂将猎物麻醉，拖到挖好的巢穴里。

这是卵！

沙泥蜂在猎物腹部中央的体表上产卵。产卵后，离开巢穴、封闭入口。卵在洞穴中孵化，幼虫靠着吃毛虫长大。为了让毛虫保持鲜活，沙泥蜂幼虫会避开猎物的神经节，一点一点地蚕食毛虫的肉体。

巢穴里，取食毛虫的沙泥蜂幼虫。

幼虫的对决

六斑异瓢虫幼虫 vs 核桃扁叶甲幼虫

在 5 月前后的日本核桃嫩叶上，可以观察到六斑异瓢虫的幼虫在捕食核桃扁叶甲的幼虫和蛹。这种幼虫的猎杀方式十分怪异而迅速。然而，核桃扁叶甲的数量并没有因此减少。它们产卵量很大，通过增加幼虫的数量来抗争。由于个头很小，它们必须努力抗争才能让后代存活下去。

观察资料（核桃扁叶甲）

时间 ● 5 月前后。
地点 ● 日本核桃树。

在山区和沼泽地的日本核桃树上栖息。大量的幼虫和蛹生活在核桃树叶片上。

观察资料（六斑异瓢虫）

时间 ● 5 月前后。
地点 ● 日本核桃树。

栖息在日本核桃树上。如果核桃树的嫩叶呈网状，可以前往观察。能捕食大量的核桃扁叶甲幼虫和蛹。十分活跃，从猎物的一端开始进食。

大量的核桃扁叶甲聚集在日本核桃叶上取食。实际上，大部分幼虫早已被六斑异瓢虫幼虫吃掉了。

六斑异瓢虫幼虫在捕食核桃扁叶甲幼虫。

　　许多昆虫都有自己的天敌，没有相应的对策就难以生存下去。吃与被吃是昆虫无法逃脱的宿命。毫无疑问，每一种昆虫都有与命运抗争的智慧。昆虫生活在完整的生态系统中，具有适应各种变化的灵活性。通过观察生活在日本核桃树上的这两种小甲虫，我们可以瞥见大自然中生物之间的微妙关系。

整齐排列的核桃扁叶甲卵。它们通过产下更多卵，来提高后代存活下去的可能性。

吃与被吃的平衡

　　由于核桃扁叶甲数量很多，核桃叶是六斑异瓢虫绝佳的狩猎场。在没有核桃扁叶甲的地方，六斑异瓢虫也很少。核桃扁叶甲也有许多其他天敌，除了六斑异瓢虫之外，还有黄缘蜻蠊、环斑猛猎蝽、突叶蜂等。捕食者与猎物必须保持平衡，如果捕食者过多，那么两者都无法存活下去。实际上，我已经观察到核桃扁叶甲和六斑异瓢虫之间的微妙平衡已经被打破。在森林的一个角落中，这两种甲虫都消失了，直到第二年都没有再出现。长时间对这些昆虫进行观察，我们可以更深入地了解生物之间吃与被吃的关系，以及它们是如何共存的。

婚姻大战

淡灰瘤象

　　淡灰瘤象是象甲中的大型成员。自然界的法则是，强壮的雄性获得胜利，赢取雌性的芳心。不出意外的话，这里有三只雄性，为了获得雌性而在互相缠斗，难解难分。一段时间后，一只雄性胜出，爬向了附近观望的雌性。一对幸福的夫妻诞生了。

观察资料

时间 ● 4~6月。
地点 ● 八角金盘、楤木、土当归等五加科植物。

　　体长 11~14 毫米。背面有显著的黑色斑纹。栖息并取食五加科植物，如八角金盘、楤木、土当归等。

在雌性背上，两只雄性面面相觑："干一架？"

雄性想要获得雌性的青睐似乎并不容易。它们之间要经过激烈的竞争，获胜者才能与雌性交配。但蝗虫在竞争时似乎不至于互相伤害，而只是比一比谁更强壮。

下方的雌性体型较大，而上方的雄性体型较小。

长额负蝗

观察资料

时间 ● 9~12月。
地点 ● 公园草地，草木叶片上。

雄性体长 25 毫米左右，雌性 42 毫米左右。在公园草地上常见。由于雄性长时间骑在雌性背上，因而得名"负蝗"。有绿色型和褐色型。

在4月繁殖的季节，狭带条胸食蚜蝇开始交配。图中为另一只雄性在试图强行闯入，它骑到正在交配的雄性背上，从侧面挤开原来的雄性，成功抢走了雌性。这是人类很难理解的现象，但在自然界中为了繁殖，这种行为无可非议。

狭带条胸食蚜蝇具有粗壮的后足，这是它们有力的武器。

被挤到一边的雄性

狭带条胸食蚜蝇

观察资料

时间●2~4月。
地点●林缘、草原、田野，花朵上。

　　体长12~14毫米。雄性有着粗壮的后足，所以它们又被称作"粗腿蚜蝇"。

冰清绢蝶

5月上旬，一对冰清绢蝶在交配，另一只雄性前来争夺雌性。此后，更多雄性加入了争斗，最后总共有六七只冰清绢蝶纠缠在一起。乱成一团的婚姻大战是冰清绢蝶的特殊生态习性。

观察资料

时间●5月前后。
地点●阳光照耀下的草地、日本栗林中。

看上去像粉蝶，但却与凤蝶更为近缘。前足的胫节内侧有1个叶状的刺。与粉蝶不同，它们的足末端只有1对爪，而且后翅的内缘弯曲。知道了这些，就可以将它们与粉蝶区分开。

日本弧丽金龟

这一堆甲虫是日本弧丽金龟。在它们的婚姻大战中，有时能多达10多只蜂拥而至的雄性，这让唯一的雌性十分困扰。究竟哪一位才是最强壮的呢？

观察资料

时间●5~8月。
地点●乌蔹莓。

日本弧丽金龟在日本分布广泛，在乌蔹莓丛中群生。它是一种著名的害虫，在20世纪初期传入美国，对那里的果园造成了严重危害。在美国，被称作"日本甲虫"。在吃树叶时，它们喜欢做出举起后足的独特姿态。

用触角抓住雌性

白须长角象

观察资料

时间 ● 4~7月。
地点 ● 枹栎、樱花等。

体长 7~12 毫米。身体上有类似枯树皮的图案。通常栖息在阴暗的枯树洞中，由于具有保护色，很难被找到。

雄性在搜寻雌性。

　　雄性拥有极长的触角。如果跟踪观察它们，你会发现雄性会用触角将雌性圈起来。这是在告诉其他雄性：这是我的老婆！

　　通过这样的行为，雌性可以筛选出更加强壮的雄性，来一起繁育后代。

取食树上的真菌。

要想找到它们，需要仔细寻找。

若虫的刺杀！

多氏田猎蝽

观察资料

时间 ● 4~10月。
地点 ● 樱花树等。

成虫体长 16~24 毫米。腹部具有标志性的黑白斑纹。若虫在樱花树皮上觅食。自出生那一刻起，它们就必须不停地进食。

在春天，越冬的若虫一旦在树皮上发现猎物，就会向其体内注射麻醉剂，以使其麻痹。一只在捕猎的若虫可以引来更多若虫参战，通过多次重复注射以击败猎物。当猎物完全瘫痪后，有的若虫会自私地将其带走独享；而大多数若虫都懂得分享，一起吸食猎物的体液。

蜕皮失败的若虫被同类取食。

许多若虫共享猎物，一起吸食。

捕猎蛾的幼虫。

象甲也被刺杀了！

仔细观察：探寻多氏田猎蝽的一生

　　三年来，我一直在对多氏田猎蝽进行生态观察。它们以若虫越冬，在春末开始活跃地猎杀，末龄若虫蜕皮后会丢掉之前的朱红色。成虫的取食、交配和产卵，以及卵的孵化，朱红色的若虫再次出现，无论你在什么阶段观察，都是十分精彩的。希望你能通过连续不断的观察，亲眼得见这些神奇的瞬间。

若虫越冬至晚春开始狩猎。

在樱花树皮上群集越冬的若虫

末龄若虫的食欲十分旺盛。樱花树皮是若虫绝妙的狩猎场。5~11 月，它们一直在拼命地猎食。

在4月下旬，摄取到了足够的营养，它们蜕皮成为成虫。

刚刚羽化的成虫身体上鲜艳的朱红色是一种警告，是在向外界宣示："我有毒！"红色的身体在1个小时内就会变成黑色。

蜕皮前。

蜕皮中。

朱红色的新羽化成虫

蜕皮结束！

多氏田猎蝽的毒液毒力十分强劲，甚至能杀死胡蜂。

多么旺盛的食欲

我将多氏田猎蝽的猎物种类记录了下来（右图）。可以看到，它们的食欲真的很旺盛，几乎什么昆虫都吃，猎食樱花树皮和根部出现的100多种昆虫。真是强悍的猎人呢！

蟋蟀、蝗虫类	24 种
毛虫	44 种
甲虫类	20 种
蛾类成虫	9 种
蜂类	6 种
蜻类	4 种
蜘蛛类	4 种
蝉类	3 种
蚂蚁	3 种
蝇、虻类	3 种
同类	1 种
蝴蝶	1 种
不明生物	15 种
合计	137 种

成虫的食欲并未减退。有些没有成功孵化的卵也会被成虫吸食。生存是多么艰辛啊。

交配场面

成虫的交配→产卵→朱红色的若虫

5月下旬，成虫开始交配。雌性在樱花树的树皮缝隙中产下许多卵。7月下旬，令人惊异的大群朱红色若虫孵化出来。

产卵。1只雌性产下一大团卵块。

若虫诞生

梅树上的战斗

　　为了发现昆虫展现出的决定性瞬间，需要对它们的生活进行长时间的观察。我建议你去寻找一棵距离不远、容易进行长期观察的树。

　　我在公园中关注着一棵梅树。在树皮上有许多浑身是刺的黑缘红瓢虫幼虫

和白色的日本球坚蚧幼虫栖息。

　　对于梅树而言，日本球坚蚧是一种害虫，而捕食性的黑缘红瓢虫是一种益虫。我决定仔细观察一下这两种昆虫在同一棵树上是如何进行攻防战斗的。

12月~翌年2月

黑缘红瓢虫以成虫越冬，在冬季交配和产卵；之后孵化出微小的1龄幼虫。

黑缘红瓢虫的成虫在冬季飞到梅树上越冬。它们以5~10只的小群体一起越冬。它们会选择一棵有日本球坚蚧幼虫寄生的树。

最早在1月，黑缘红瓢虫就开始交配了。这只雄性正在拼命地将雌性举起交配。

激烈的交配竞争出现了。强壮的雄性才能夺得雌性。像这样3只雄性争抢1只雌性的场面并不多见。

交配后，雌性在梅树树皮的缝隙中产卵。

这些橙色的卵是黑缘红瓢虫的卵。在它们四周的小白点是日本球坚蚧的幼虫。当黑缘红瓢虫的卵孵化后，幼虫会坐拥丰富的食物。

3~4月

孵化出来的黑缘红瓢虫幼虫不断取食日本球坚蚧幼虫，越长越大。

当天气转暖，黑缘红瓢虫的幼虫开始发生。它们不停地取食日本球坚蚧的幼虫，逐渐长大。

这是日本球坚蚧幼虫被吃掉后剩下的残骸。

黑缘红瓢虫的幼虫通过一次次蜕皮长大。这时候梅树上留下了许多它们蜕下来的旧皮。

日本球坚蚧并没有被全部消灭。它们不能免除被吃掉的命运，但可以通过压倒性的数量来立于不败之地。不管怎样，梅树上的日本球坚蚧幼虫总是那么多。由于食物充足，黑缘红瓢虫也能活得很好。

5月

日本球坚蚧的幸存者继续在梅树上生活着，它们交配、产卵。黑缘红瓢虫的幼虫逐渐化蛹。

幸存下来的日本球坚蚧继续成长，它们的雌雄性之间的区别逐渐变得明显。如果你仔细观察这张照片上的日本球坚蚧，可以看到有的幼虫有尾巴，有的没有。有尾巴的是雄性（左上图），而其他是雌性。如图所示，有尾巴的雄性数量较少，大约只占整个群体的20%。

这是日本球坚蚧的雄性成虫。它有翅膀和一对白色的尾巴。

这些红色的圆球是日本球坚蚧的雌性成虫。我对它们雌雄之间巨大的差异感到无比惊奇。当天气变暖，这些雌性成虫仍旧附着在树皮上，雄性却能十分活跃地寻找配偶。

这些都是黑缘红瓢虫。转为末龄幼虫后，它们不知为何会聚集到一起，在大约3周后集体化蛹。它们的蛹被从中间裂开的末龄幼虫的皮包裹住。你能在梅树上很容易发现它们。

6月

从5月底到6月，黑缘红瓢虫开始羽化。在此之前吃了不知多少日本球坚蚧的黑缘红瓢虫终于长成了可以飞翔的成虫。

黑缘红瓢虫开始羽化。6~7毫米长的鲜黄色成虫从蛹壳中钻出。

努力地将后翅延展开来。

羽化完成。在羽化的瞬间，所有昆虫都是十分惊艳的。

在羽化后大约1小时，它逐渐变成亮黑色、带有红色斑点的半球形小甲虫。成虫在夏天和秋天都十分活跃，天气转凉后又会在梅树上越冬。

"为什么会是这样？"，可能许多昆虫都会让你发出这样的疑问。

在本章，我将介绍一些昆虫在进化过程中获得的神奇形态和行为。

第5章 不可思议的瞬间

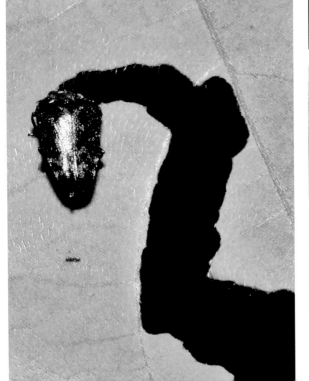

制作摇篮的匠人

在春天，野茉莉开放时，你可以遇到一种利用野茉莉的嫩叶制作"摇篮"的小个子工匠昆虫。野茉莉卷象在这个摇篮中产卵，从中孵化的幼虫就以此为食。这个摇篮是幼虫的庇护所，保护幼虫免受外界的伤害。对拥有漫长进化历史的卷象科的甲虫来说，这是一项最基本的技能。

很久以前，人们通过传递写有文字的卷轴来互相倾诉爱慕。将卷象的摇篮与书信联系起来，竟还有些浪漫呢。【译者注：卷象在日文中又称"落とし文"，意为"掉落在路上的书信"。】

野茉莉卷象

观察资料

时间 ● 春季。
地点 ● 野茉莉。

体长 6~9 毫米。雄性的脖子很长，雌性则较短。体色黑而有光泽。在日本，有 100 多种卷象，大约只有 30 种会制作叶卷。只有雌性会出力制作，雄性则不管不顾。大多数制作完成的"摇篮"都会被切断，掉落在地上，也有些留在枝头，这在不同卷象中各不相同。据考证，在落至地面的"摇篮"中，卵可以更顺利地发育。

制作摇篮的步骤

在野茉莉花开放、嫩叶发出时，野茉莉卷象的雌性会挑选合适的叶片，将之切割出1个椭圆形的部分，留下与枝干相连的一部分。它们切断叶片的主叶脉，等待叶片变软。（它们切割树叶时还分顺时针和逆时针两种方向）

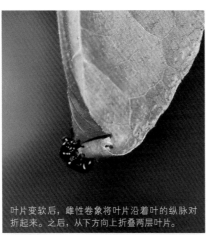

叶片变软后，雌性卷象将叶片沿着叶的纵脉对折起来。之后，从下方向上折叠两层叶片。

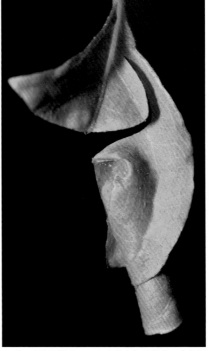

在叶卷上弄出1个洞并在其中产卵。之后继续卷叶子。

这些"制作摇篮的匠人"有着高超的技术。在卷起叶子的整个过程中，它们完全不使用任何一样有黏性的分泌物，仅仅是在叶子上轻微地啃咬，使叶子上细微的毛纠缠在一起，让叶子像尼龙扣一样紧贴。如果你打开一个叶卷，就会发现它是一个具有精妙几何结构的折纸艺术品。这能令你赞不绝口的技巧，是许多卷象科昆虫都具有的特性。

在果实上挖洞

野茉莉长角象

观察资料

时间 ● 7~9月。
地点 ● 野茉莉。

　　体长3~6毫米。时常栖息于野茉莉的叶子上。茶褐色的小甲虫，面部白色。雄性的双眼长在两个角状的突起上，因此它们又被称为"牛面虫"。

　　雌性在野茉莉果实上挖出一个洞，当接近果核时，她掉转身体，在洞里产卵。这种甲虫掌握了一个有利于繁殖的策略：演化出方便在坚硬的果实上挖洞的延长口器，这保证了幼虫能在果实的内部生长。

在夏天的野茉莉树上，可以看到许多有洞的果实。

在雌性挖洞准备产卵时，雄性守在一旁，非但不提供帮助，还想趁机交配。

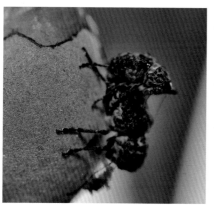

一对交配的野茉莉长角象，雌性还在坚持挖洞。

雌性挖完洞，将腹部伸入其中产卵。孵化出的幼虫在富含脂肪的果实中茁壮成长。

完全不一样的两性面部

　　观察野茉莉长角象的面部，我们可以发现有的个体两眼突出，而有的则不然。雄性有着更扁平的面部和更突出的双眼，而雌性则没有这么夸张。从侧面看，可以观察到雌性的口器更长，适于在果实上挖洞。不可思议的是，为什么雄性的双眼离得这么远？也可能看得更远，更有利于生存吧。

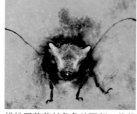

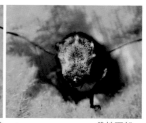

雄性野茉莉长角象的面部。找找眼睛在哪儿？

雌性面部。

泡沫中的若虫

柳尖胸沫蝉

光线下闪耀的泡泡。

有时泡沫巢的底部会有水滴，看起来十分漂亮。

这一团泡沫是柳尖胸沫蝉若虫的家。若虫从腹部的腺体中分泌出一些含有蜡质和氨的液体并将其吹成泡沫状，将自己裹在其中以维持湿度及躲避敌害。哪怕有了这么高超的防御对策，它们还是难逃被黑脂猎蝽等天敌突破屏障而捕食的命运。

观察资料

时间 ● 5~6月。

地点 ● 白蒿、桑树、月季等双子叶植物。

成虫体长约11毫米。初夏，可以在蒿草、桑树和月季的茎上寻找这些白色的泡沫团。在日本大约有40种沫蝉，柳尖胸沫蝉是最常见的。如果幸运的话，你还能观察到成虫从泡沫中羽化的瞬间。

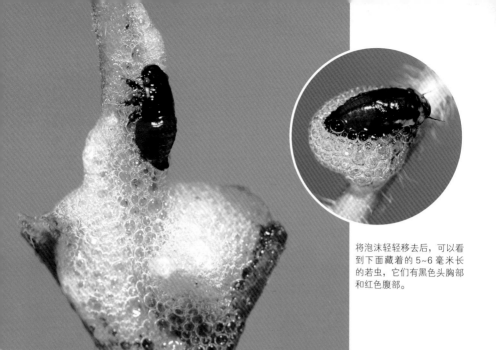

将泡沫轻轻移去后，可以看到下面藏着的 5~6 毫米长的若虫，它们有黑色头胸部和红色腹部。

成虫羽化的瞬间。

成功羽化的成虫。

成虫一身朴素的棕色。如果仔细观察，还可以发现复眼上有有趣的条纹。

若虫的焰火

带纹疏广蜡蝉的若虫

观察资料

时间 ● 7~10月。

地点 ● 在草木较高的
茎上群生。

成虫体长6~10毫米。为蝉的远亲。若虫较小，淡绿色。成虫的翅透明，还有黑褐色的边缘。在杂木林里的草木较高处群生。

带纹疏广蜡蝉的若虫在尾部有一束白色的蜡丝，能保护若虫免受捕食者的攻击。在阳光的照射下，若虫的样子完全不一样了！光线的折射给这些蜡丝带来了闪耀的色彩，宛如焰火般绚烂。我认为这是大自然中堪称杰作的防御策略。

人的肉眼是看不见紫外线和红外线的。然而，在照片中，这些光线也能被记录下来，形成一些美丽的色彩。在自然天敌的眼中，它们也该是如此美丽吧。

带纹疏广蜡蝉成虫的翅膀大部分透明，还有着黑褐色的边缘和斑纹。

成虫和若虫。像是在比一比谁更漂亮。

若虫时常群居。

在不同角度的光线下，若虫的身体闪耀着翠绿色的光泽。

不同角度的光能折射出不同的色彩。

制作肉丸

陆马蜂

制作肉丸的陆马蜂。肉丸是陆马蜂幼虫的口粮，通常它来自黑脉蛱蝶幼虫的尸体。陆马蜂会丢掉黑脉蛱蝶幼虫尸体的内脏，用营养丰富的肌肉制作肉丸，然后匆匆赶回巢穴。饥饿的幼虫还在巢里等着呢。多努力一点，幼虫就能更早一天长成能工作的工蜂。

陆马蜂捕捉到一只黑脉蛱蝶幼虫，准备制作肉丸。

肉丸做好了！

时间 ● 5~8月。

地点 ● 草地，博落回等草本植物的叶片背后。

大型马蜂，体长20~25毫米。身体大部分都是显眼的黑黄相间的斑纹，在腹部还有1对大型黄色斑。过去的老房子屋檐下会有很多蜂巢，但由于建筑材料的改变，近些年已经不多见了。

黄侧异腹胡蜂

黄侧异腹胡蜂在草地的榉树上筑巢。与陆马蜂相似，它们也用猎物的肉制作肉丸，用以喂养幼虫。

装死的「熊猫」虫

鸟粪象甲的身体黑白相间，像熊猫一样可爱，受到惊吓时全身僵硬，像死了一样。装死时会突然向下掉落。掉在地上后，它看起来就像一坨鸟粪，很难再找到。

鸟粪象甲

观察资料

时间 ● 4~8月。
地点 ● 野葛。

体长9毫米左右。具有熊猫一样黑白搭配的外表。多生活在野葛上，尤其是茎上。雄性延长的前足在交配时用来吸引雌性。

觉察到危险，它们一起装死。

头部有延长的象鼻，因此被称作象甲。

用长长的腿抱住茎干。

交配时，雄性用延长的前足抱住雌性。右图显示的是2只雄性争抢1只雌性。

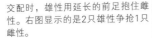

雌性在野葛的茎上钻洞产卵。当卵产下后，产卵的位置会变成虫瘿（寄生性昆虫造成的肿大组织），幼虫则在其内取食。

仔细观察: 各种各样的假死

缩手缩脚装死的短带长颚象。

当遇到危险时，假死是象甲、叶甲和其他甲虫常见的反应。它们缩手缩脚、身体僵硬，或者变得浑身瘫软、一动不动。哪怕你把它们拿起来戳一戳，它们也不会动一下，继续装死。

短带长颚象

观 察 资 料

时间　4~7月。

场所　野葛。

体长4~7毫米。时常在野葛上群集。黑色的身体上覆盖着黄白色的粉状鳞片。

尖翅筒喙象

假死掉到叶片上的尖翅筒喙象，保持了五分钟没有动弹。大多数时候，它们掉到草丛或者地面，消失不见。

观察资料

时间　4~10月。
地点　蓟。

体长 10~14 毫米。茶褐色的身体上有斜行的条纹。

斑喙丽金龟

观察资料

时间　5~8月。
地点　麻栎和枹栎。

体长 10~12 毫米的小型金龟子。鳃金龟的远亲。

横着身子装死。

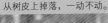

从树皮上掉落，一动不动。

这种大型甲虫有时也会假死。

日本象天牛

观察资料

时间　4~8月。
地点　麻栎和枹栎。

体长 13~22 毫米。身体具有特征性的黄褐色和灰色交错的花纹，以及一些小黑点。

日本脊吉丁

观察资料：　　　　　见 89 页

热烈庆祝！

日本长足食虫虻

时间 ● 5~6月。
地点 ● 草地、林缘。

体长12~27毫米。各足很长，前足胫节的末端有发达的尖刺。它们时常捕食无毒的大型蜂类，对蜜蜂等危险昆虫则敬而远之。它们喜好阳光充沛、视野开阔的环境，一般停在树枝末端守株待兔。

它们有着广阔的视角，能够快速发现飞行的猎物并用长足捕猎。捕获猎物后，会高高举起前足，好像在庆祝一般。这里展示的照片真实地记录了这一行为。想来它们一定非常得意。

日本长足食虫虻在捕猎时还会用前足将自己吊挂起来。试着去观察它们这种灵巧的习性吧。

175

彩礼策略

日本蝎蛉

当一只雄性日本蝎蛉找到猎物后，会分泌出信息素来呼唤雌性。被吸引而来的雌性会接受雄性的"礼物"，开始贪婪地取食。雄性趁机与雌性交配，送礼的策略成功了！这张图清楚地展示了雌性在与雄性交配时，还在吃东西。

观察资料

时间 ● 4~8月。
地点 ● 公园等地的森林边缘。

体长13~20毫米。春型体色较黑，夏秋型则多为黄褐色。雄性在停歇时会将尾部举起，因此它们又得名"举尾虫"。雄性的外生殖器有一对尖锐的钳子，这是它们有力的武器。而雌性的腹部末端纤细，没有这样的钳子。

一只雄性到处寻找猎物。它在蜘蛛网上发现了一只被蛛网缠住的昆虫。它将蜘蛛的猎物占为己有，开始释放信息素以等待雌性的到来。

一只黄褐色的夏秋型雄虫举起尾部。

雌性被"彩礼"吸引，前来取食。雄性趁机交配！

雌性慢慢地吃掉雄性赠予的礼物。

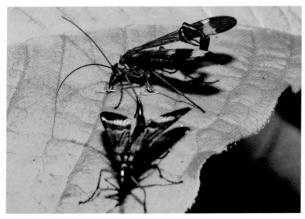

交配结束后，雄性清扫雌性吃剩的残渣。

圆形的食痕

黑守瓜

时间 ● 4~10月。
地点 ● 瓜类。

　　体长6毫米左右。为栽培瓜类的害虫，有着黑色的鞘翅、黄色的头部和胸部。在王瓜上数量尤其多。感受到危险后，会假死并向下掉落。同时，身上还会分泌出黄色的防御体液。空间较大时，还会飞快地飞走。以成虫越冬。

虽然是令人讨厌的害虫，但是它们黄乎乎的小脸还是有点可爱呢。

黑守瓜在瓜叶上先咬出圆形的食痕，然后它们就取食这个圈圈里的叶子。这种奇怪的策略被认为可以阻止植物防御物质的释放，以及减少叶肉的苦涩味。圆圈里的叶肉变得又软又美味。

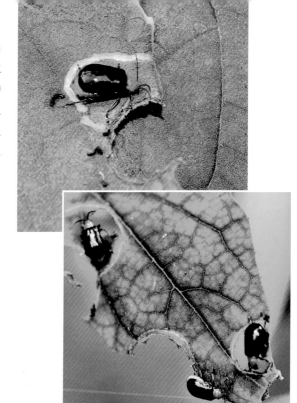

在瓜叶上咬出圆圈。

你也可以观察到在叶子上交配的黑守瓜。

吃出问号的昆虫

野葛潜吉丁

时间 ● 4~10月。
地点 ● 野葛。

体长 3~4 毫米。啃食野葛叶片的小甲虫。它们在叶片上运动迟缓，可能是在拟态粪便。幼虫在野葛叶片的上下表皮之间挖掘、取食叶肉，化蛹后在初秋羽化。以成虫越冬。

它们啃咬叶片的方式很有趣。它们大多数从叶片的一边开始啃食，逐渐形成问号一样的形状。它们为何要这样做呢？这还不得而知。

咔哧咔哧啃叶子

拟丘切叶蜂

观察资料

时间 ● 5~9月。
地点 ● 野葛。

体长17~20毫米。为大型
蜂类。在朽木里，用切碎的野
葛叶筑巢。数量较少，在都市
公园里也能遇到。

拟丘切叶蜂将野葛叶切割成整齐的半圆形，并将其抱在脚下带回巢穴。它们在巢穴中央用花粉和花蜜的混合物搓成黄白色的团子，四周用很多层野葛叶包裹起来。雌蜂在团子上产下1枚卵，幼虫孵化后就取食这个蜜团子。

一个巢需要多达150片半圆形的叶片。为了收集这些建材，拟丘切叶蜂需要来回工作300多次。为了养育幼虫，它们要付出很大的努力。

为了物种的延续而越冬

日本
紫灰蝶

百娆灰蝶&日本紫灰蝶

观察资料（百娆灰蝶）

时间 ● 春天至秋天
地点 ● 日本石柯。

体长 19~23 毫米。翅展开后显露出美丽的蓝紫色。最初只分布于日本本州的南部，但现在在关东地区也有广泛的分布。从春天到秋天反复发生，秋天特别多。以成虫越冬。

观察资料（日本紫灰蝶）

时间 ● 春天至秋天。
地点 ● 东瀛珊瑚、青冈。

体长 14~22 毫米。比百娆灰蝶小一点。从春天到秋天都有，以成虫越冬。

百娆灰蝶的成虫有群集越冬的习性。在冬天，我发现了一群越冬的百娆灰蝶。正准备拍照，仔细一看，还有一只十分相似，但翅膀上没有尾突的日本紫灰蝶混在其中。上图最左边的就是日本紫灰蝶。

你或许会觉得我在一群百娆灰蝶中看走了眼，但事实是这些蝴蝶在寒冬里，不分物种地依偎在一起。掌握鉴定昆虫的基本知识，时常能收获许多意想不到的发现。

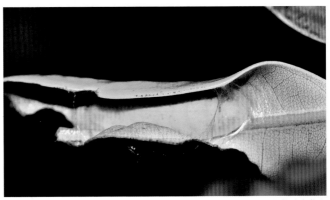

百娆灰蝶的幼虫以日本石柯等植物为寄主。这张照片展现的是一只末龄幼虫藏在卷起的叶片中。百娆灰蝶的幼虫身上有蜜腺，时常吸引蚂蚁前来吸食蜜露。蚂蚁有了甜蜜的食物，而百娆灰蝶的幼虫借助蚂蚁的保护避开了天敌，二者互惠互利。

百娆灰蝶幼虫在叶子上化蛹。

一条小尾巴

百娆灰蝶

日本紫灰蝶

这两种蝴蝶十分相似，只是百娆灰蝶的个头稍微大一点。最容易区分二者的地方就是百娆灰蝶后翅上的小尾巴，而日本紫灰蝶是没有小尾巴的。

互惠共生

弱光彩菌甲&路氏菌甲

　　如果你发现了一棵长蘑菇的死树，你就能发现闪耀着彩虹光泽的弱光彩菌甲。同时，还能发现和它们一起生活的路氏菌甲。这两种甲虫在死掉的树上一起生活，取食蘑菇。这张照片展示的是在朽木中挤在一起越冬的两种甲虫。

观察资料（弱光彩菌甲）

时间 ● 5~10月。
地点 ● 长蘑菇的死树。

　　体长6~7毫米。成虫的翅闪耀着彩虹光泽。死掉的树上长着蘑菇的狭小空间是它们的理想居所。同一棵死树上并不是所有地方都适合，需要很多条件比如阳光和湿度恰到好处才行。

观察资料（路氏菌甲）

时间 ● 5~10月。
地点 ● 长蘑菇的死树。

　　成虫体长5毫米左右。黑色的身体上有明显的两道红纹。和弱光彩菌甲相似，它们也喜欢在倒下来的枯木上取食蘑菇。

弱光彩菌甲和路氏菌甲在吃同一种多孔菌。

弱光彩菌甲在交配。

在吃真菌的路氏菌甲。

弱光彩菌甲身上闪耀着彩虹一样的光泽。

路氏菌甲，个头比弱光彩菌甲小一点。

4种搭配

长额负蝗

观察资料： 见 141 页

　　长额负蝗有两种色型：绿色和褐色。在交配时，可以看到四种组合：绿色雄性+绿色雌性；褐色雄性+绿色雌性；绿色雄性+褐色雌性；褐色雄性+褐色雌性。去找找哪种搭配最多，一定很有趣。

　　它们不太喜欢飞，总是蹦来蹦去。长额负蝗在草丛里数量很多，体色变化也很大。通过各种不同的体色，它们能保护自己免受外敌的攻击。

伸长的嘴

拼命伸长口器吸食汁液。

在夏天流汁的树上时常能发现正在吸食的独角仙和锹甲，但也有一些小蝇子在一旁共享美味。凑近一看，它们只是很小的蝇，但却很努力地伸长口器吸食。

指角蝇

观察资料

时间 ● 夏天。
地点 ● 麻栎和枹栎等。

体长8~10毫米。复眼鲜红，触角红白相间。它们的腿很长，行动迅速。在流汁的树比如麻栎和枹栎上会有很多虫在吸食，在它们庞大的身躯上就能发现这些争抢树液的小蝇类。

指角蝇头部的特写。

夏日寻凉

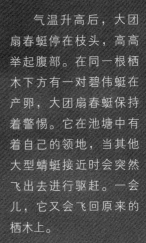

气温升高后，大团扇春蜓停在枝头，高高举起腹部。在同一根栖木下方有一对碧伟蜓在产卵，大团扇春蜓保持着警惕。它在池塘中有着自己的领地，当其他大型蜻蜓接近时会突然飞出去进行驱赶。一会儿，它又会飞回原来的栖木上。

大团扇春蜓对栖木下方产卵的碧伟蜓好像漠不关心。

大团扇春蜓腹部末端特殊的结构。

大团扇春蜓

观察资料

时间 ● 夏天至秋天。
地点 ● 池塘上。

体长80毫米左右的大型蜻蜓。主要的特征是雄性腹部末端多刺的扇状突起。稚虫在池塘的底部生活，在初夏的午夜羽化以避免被鸟类吃掉。有时它们也会爬到阴暗的森林中进行羽化。池塘水质的污染对它们的影响很大。这只大团扇春蜓在池塘的栖木上四处观望，准备起飞。

黑水虻

复眼上有十分古怪的斑纹。紫色的条带看起来
很有艺术气息。

快门时机!

复眼的特写

在拍摄昆虫的时候，对焦在复眼上是
很重要的。如果仔细观察它们的复眼，你
会发现许多奇妙的色彩、结构和纹理。它
们长成这样的原因还不得而知，但有可能
可以帮助它们防御外敌。如果你有机会，
尽可能离昆虫近一点，拍摄它们的复眼。
如果想有更进一步的了解，你还可以采集
一些标本，用放大镜或显微镜进行观察。

黄胫小车蝗

为了拟态落叶，黄胫小车蝗连复眼上都长出了
模拟落叶的颜色和花纹。

黄虻

黄虻黄绿色的复眼十分美丽,下半部分尤其闪耀。

不显口鼻蝇

复眼上有美丽的条纹。

羽芒宽盾食蚜蝇

正在飞翔的羽芒宽盾食蚜蝇，它的
复眼上排列着有趣的条纹。

黄跗斑眼食蚜蝇

吸食花蜜的黄跗斑眼食蚜蝇的特写。黄
色的复眼上有许多神奇的小红点。

条纹广翅蜡蝉

条纹广翅蜡蝉的复眼
有竖直的条纹。复眼的
条纹与翅膀上的条纹相
接，因此一下子很难找
到复眼在哪儿。

伯瑞象蜡蝉

伯瑞象蜡蝉身体
黄绿色，复眼上
有橙色的条纹。

红袖蜡蝉

红袖蜡蝉身体很小，只有大约 4 毫米长。最有
趣的是特别靠近的复眼。我经常在野外发现红
袖蜡蝉，你也可以找找它们并拍下来。

特别内容

2

冬天的美妙瞬间

在温暖的冬阳照射到的树
干上寻找昆虫。

在寒冷的冬天，昆虫销声匿迹，很难被观察到。公园和杂木林看起来很安静，似乎没有什么小动物在活动。然而，仍有一些昆虫躲藏在某些地方，以不同的形态越过冬季。从中，你可以感受到昆虫为了在寒冬里存活下去，在千百万年里获得的生存策略。在万籁俱寂的冬季观察仍然鲜活的昆虫，令人感触深刻。

首先，最容易观察的地方就是阳光照射到的树木。这是一些以成虫越冬的昆虫比如蝴蝶，前来享受日光浴的地方。其次，死掉的立木和倒木也是绝好的观察地点。在冬月里，昆虫会躲在树皮下以挨过寒冷。接下来，让我们一起来了解一下我时常在冬天进行生态观察的日本关东地区都有些什么有趣的东西吧。

被砍倒的树木是很好的观察地点。撕掉树皮可以发现很多越冬的昆虫。如图所示，你可以带上一些用于挖开树皮和土壤的工具，比如铲子和镐头。观察的过程最好将破坏降到最低限度，观察后请将环境尽可能恢复原样。

发现了一只锹甲幼虫！赶紧拍照记录。

观察越冬昆虫的不同虫态

不同的昆虫以不同的虫态越冬，从卵、幼虫、蛹到成虫。对于每个昆虫的物种来说，那就是它们最适合越冬的形态。看看接下来的图片和介绍吧。

宽边黄粉蝶在阔叶树的树叶背面冬眠，即使你靠近它，它也没什么反应。不要触摸它，以免将其惊醒。

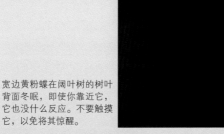

琉璃蛱蝶时常在开阔处享受日光浴。

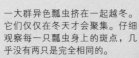

一大群异色瓢虫挤在一起越冬。它们仅仅在冬天才会聚集。仔细观察每一只瓢虫身上的斑点，几乎没有两只是完全相同的。

夏天和秋天在我面前飞来飞去的近胡蜂，
选择在枯死的树干里越冬。在你挖掘朽木
时可能会被突然出现的胡蜂吓一跳，不过
这时候它们很虚弱，不怎么活动，也不会
蜇人。最好将挖出来的木块放回原处，让
它继续休眠。

在44页介绍过的麝凤蝶以蛹（阿菊虫）的形
态越冬。

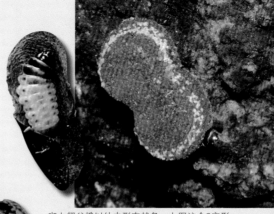

斑丸翅谷蛾以幼虫形态越冬。上图这个8字形、
树皮一样的东西不是幼虫，而是幼虫制作的茧。
将茧揭开才能看到里面躲着的幼虫。

这可不是植物的
种子，而是小异蟏
（一种竹节虫）的
卵。它们以卵的形
式越冬。由于长得
像植物种子，因此
可以避开一些天敌
的攻击。

在58页，我们介绍了中华大刀螳。它们以卵越冬。
这张图里，两个卵鞘连在一起，藏在树枝的下方。

冬天里的
冬尺蛾类

右边是正在产卵的雌性金黄冬尺蛾，下图是雄性。雄性有翅膀能飞，翅膀上有拟态枯叶的斑纹。而雌性看起来完全不一样，让人难以置信这是只蛾子。在图中你可以看到雌蛾腹部末端刚产出的一枚卵。卵在春天孵化，幼虫在土壤中生长、化蛹，然后等候冬天来到才会羽化。

在日本，冬天最为活跃的昆虫大概就是冬尺蛾了。在寒冷的冬天，它们几乎没有什么天敌。雌性没有翅膀，而有翅膀、能飞的都是雄性。这可能是因为在冬天飞行需要耗费大量的能量，丢掉翅膀，以便于给发育中的卵提供更多的营养。虽然不会飞，但是雌性会释放信息素以吸引雄性。

一只没有翅膀的雌性冬尺蛾。

正在交配的冬尺蛾。仔细看，雌性左边的可不是一片枯叶，而是雄性的翅膀。

在冬天也要努力工作

　　在寒冷的11~12月，你可以看到仍在努力工作的针毛收获蚁。它们的工蚁体长约5毫米，黑色的身体上长有细密的毛。它们的主粮是狗尾草、升马唐等禾本科植物，以及蓼科植物的种子。它们会将种子收集起来，带回巢穴。在收获季节，这些种子几乎是取之不尽的，它们更要努力工作。它们的天敌很少，在这个时候努力工作可以为寒冷的冬季带来丰富的储粮。它们巢穴的垂直深度可达4米，有很多分支通道，末端通向一些小房间。

在巢穴的周围爬满了努力工作的针毛收获蚁。看着它们扛着粮食回巢的样子，你会不会连连赞叹呢？

昆虫尸体也是很好的储粮。

在路上，它们的触角互相接触，好像在讨论着什么。

竭尽全力把这么大的种子扛回家。

精彩瞬间的摄影小提示

很多年来，我一直在对昆虫进行生态观察和摄影，记录它们的产卵、孵化、蜕皮、羽化、交配、对抗敌害、幼虫成长、成虫争斗、寄生和防御等活动。我在观察这些内容的时候，尽可能地记录下了对应的影像资料。这些照片在不了解昆虫生态的情况下，是无法拍摄到的。此外，耐心和连续观察可以说是记录精彩瞬间的终极秘诀。下面，我将逐条列出昆虫生态摄影的一些要点。

要点❶　　　　　　提出问题

发现和观察昆虫时，多问自己："为什么？"在新潟县长冈市通信工事会社工作的酒井先生注意到了螳螂都在高枝上产卵的年份，往往会有很大的降雪这一现象。他对此产生了疑问，并通过常年的观察和科学统计，写出了著名的《螳螂预知大雪》一书。在观察昆虫时，时常提出问题，能带来意想不到的科学发现。

要点❷　　　　从昆虫的视角观察

在观察昆虫时，问问自己："它在做什么？"相对于人类，大多数昆虫的一生都十分短暂。在这段时间里，它们努力地繁殖，让后代存活下去。换句话说，所有昆虫都必须竭尽全力来生存。从这一点出发，你就可以理解很多昆虫的行为。如今，相机是很普遍的工具，你可以尽情地拍摄记录，之后再慢慢地欣赏和思考这些记录下来的瞬间。

要点❸　　　　寻找寄主植物

大多数昆虫的生存依赖于植物，它们总是在这些植物周围活动。这可能是受到它们食用草木的特殊气味吸引。此外，昆虫在取食的时候活动会慢下来，让你有更多机会拍摄记录。因此，在拍摄昆虫时，对植物有更多的了解很重要。在本书的最后，我提供了对观察昆虫来说十分有用的寄主植物索引。

 ## 如何挑选相机和镜头

适合拍摄昆虫的镜头种类很多，你可以使用微距镜头和广角镜头。对拍摄昆虫有狂热兴趣的人需要选择合适的镜头，并合理地使用。微距摄影在生态摄影中能够记录下更多的细节，广角镜头也能提供很多信息。除了追逐昆虫的活动场景，你也可以使用广角镜头记录下昆虫居住的环境，展现它们的生活。

后记

　　我在观察昆虫时发现，每当我对昆虫某种生活方式有了一点理解，马上就会撞到更多未知的墙上。观察是循序渐进的事情，有时观察一种昆虫也需要一整年的时间，这个过程总是充满了未知。昆虫在四亿年的进化中获得的生活方式十分精妙，需要投入大量的精力和时间才能了解。哪怕是我们身边最常见的昆虫，也存在着大量未知。我希望读者能在兴趣的引领下对昆虫进行观察，揭开更多未知的奥秘。

　　值得注意的是，近些年我感觉山中的昆虫正在快速减少。我想这可能是由于全球气候变暖造成的，当然另一个大的原因可能是在城市和郊区中对环境的持续破坏。如果你对昆虫进行持续的观察，就会发现有些事情一直在变化。昆虫不能适应环境太快的变化而数量减少，这可能预示着人类的将来。仔细想想，人类其实和昆虫一样，本质上也是一种生物。现在是采取行动的时候了！

　　身边的小昆虫是世界上最大的生物群体。我认为，在全球环境变化的背景下，对这些昆虫的生活进行更深入的调查是很有必要的。人类也是一种生物，我们是不是能从昆虫对环境变化的应对中学到些什么呢？

　　最后不得不提的是，本书的面世，得到了诚文堂新光社《少儿科学》系列图书总策划——土馆健太郎先生的鼎力支持，特此感谢！

石井诚

2017 年 1 月

作者简介

石井诚

　　1929年生于日本神奈川县横滨市，是一位拥有70余年丰富观察经验的昆虫摄影家。他长年累月地在公园和森林里观察记录常见的昆虫，还在地方学校里开设昆虫观察的课程。为神奈川昆虫谈话会会员、横滨市旭区终身学习中心学术部指导教师。著有《公园里的昆虫图鉴》《少年科学★科学书籍：昆虫与植物的神奇关系》《昆虫突击观察术：如何从面部观察昆虫》《昆虫突击观察术2：从身体看昆虫的能力》等。

索引

寄主植物名称索引

马兜铃

木通

日本打碗花

日本紫珠

日本雪松

日本紫藤

西南卫矛

西南卫矛的花

灯台树的花

灯台树

异叶蛇葡萄

苎麻

苏铁

金银花

油菜

胡萝卜

珍珠菜

柑橘

栀子

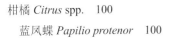

枹栎

十画

梅

野茉莉

野葛

豚葛

酢浆草

蓟

昆虫名称索引

日本虎甲

日本弧丽金龟

毛足透翅蛾

长额负蝗

吉丁虫

多氏田猎蝽

波琉璃纹花蜂

九画

十画

十一画

黄尖襟粉蝶

黄胸木蜂

酢浆灰蝶

长喙天蛾

黑守瓜

麝凤蝶